LOS ESLABONES PERDIDOS DE LA EVOLUCIÓN, POR FIN ANTE NUESTROS OJOS

Y otras cuestiones incómodas

BÁRBARA SÁNCHEZ HERNÁNDEZ

Título original: Los eslabones perdidos de la evolución, por fin ante nuestros ojos. Y otras cuestiones incómodas.

AGRADECIMIENTOS/ DEDICATORIA:

Deseo dedicar este trabajo a la Dra. Carmen Sesé Benito, prestigiosa paleontóloga del CSIC, que tanto me enseñó y aconsejó y con la que tuve el placer de compartir excavaciones, gratas charlas, anécdotas y momentos tanto buenos como malos pero en los que su consejo y sugerencias fueron vitales para mi. Desde aquí mi agradecimiento en forma de libro.

Quisiera igualmente dedicar este libro al paleobotánico Dr. Rafael Herbst y a la paleobotánica Dra. Alejandra Crisafulli por su amistad y generosidad a la hora de dedicar un árbol fósil a mi persona y a mi labor como paleontóloga, cediendo mi nombre a la nueva especie por ella descrita.

También me gustaría dedicar este trabajo a Stephen Jay Gould, a quien no llegué a conocer en persona pero cuyos escritos me ayudaron a plantearme diferentes cuestiones que en cierta forma acabaron plasmándose en algunas de las ideas que desarrollo en este trabajo.

Mi agradecimiento al Profesor y director de mi doctorado, Dr. Michael J. Benton, así como a otros profesores y compañeros del Departamento de Ciencias de la Tierra de la Universidad de Bristol, con los que tuve gratos debates sobre estas cuestiones, facilitándome en todo momento documentos y material que me permitieran desarrollar la anatomía comparada que necesitaba para respaldar mis ideas. Gracias igualmente a los Doctores Norman McLeod y Paul Barrett, ambos del Museo de Historia Natural de Londres, por facilitarme material para realizar determinadas observaciones y comparaciones con las que respaldar o rechazar mis hipótesis.

ÍNDICE

Título	Página

INTRODUCCIÓN

Son muchos los libros y artículos escritos sobre el asunto de la evolución. Y aunque actualmente pueda resultar poco relevante cuestionarnos este tema, por lo obvio, lo cierto es que hasta que Charles Darwin no escribió su célebre *"El origen de las especies"*, nadie en su sano juicio se planteaba la evolución de los seres vivos en nuestro planeta, puesto que se creía a pies juntillas en la Biblia y el Talmud hebreo. Dios creó todo en seis días y para que así constase, lo dejó plasmado en las Escrituras, redactadas y dictadas por Dios a los profetas y hombres santos. Fin de la polémica. Los que así opinaban y opinan, son denominados *Creacionistas*, por oposición a los *Evolucionistas* o partidarios de la evolución de la sucesión de formas y especies a lo largo de la vida de nuestro planeta.

Como bien observó José Luis Sampedro en su obra *"Deconstruyendo a Darwin"*, el verdadero mérito del científico británico, "padre de la evolución", consistió en admitir públicamente la escasa participación de Dios en la historia de los seres vivos, concediendo tal privilegio a la propia naturaleza. Desde entonces dicha alternativa ha sido rápidamente aceptada y hasta tan fervorosamente defendida por los científicos como antes lo fue el Creacionismo.

Sin embargo, a medida que el Evolucionismo comenzaba a ganar terreno en el ámbito científico, en las aulas de educación, y finalmente en la sociedad en general, empezaron a surgir conflictos difíciles de resolver, siendo el principal la incapacidad para mostrar un solo eslabón de los miles de millones que debieron darse a lo largo de la historia de la vida sobre nuestro planeta, que demostrase la certeza de la teoría de Charles Darwin. Recordemos que su pilar fundamental consiste en aceptar que unas especies han ido adaptándose al medio y a la presión generada tanto por las duras condiciones medioambientales como por sus directos competidores, dándose todo un rosario de formas que se han ido sucediendo hasta llegar a la increíble variabilidad morfológica y genética que encontramos hoy día entre los seres vivos. Pues bien, ¿cómo es que no podemos encontrar un solo ejemplo de forma de transición entre dos especies, conocida esta forma intermedia con la denominación de "eslabón"? A pesar de los increíbles esfuerzos desarrollados por miles de científicos que creían firmemente en la teoría evolutiva, hasta hoy ha sido del todo imposible señalar un solo ejemplo de especie eslabón. Tal ha sido la paradoja de esta teoría evolutiva –y digo paradoja por lo aparentemente absurdo de una teoría que explicando convincentemente la evolución, origen y sucesión de especies resulta incapaz de demostrar precisamente su pilar fundamental, de especies intermedias– que no tardaron en saltar a la palestra expresiones tales como "eslabones perdidos", para hacer especial énfasis en la imposibilidad de dar ni siquiera con un único ejemplo de especie intermedia, a lo largo de más de tres mil millones de años de registro paleontológico para miles de millones de especies de seres vivos que han existido y existen. Tal es así, que el mismísimo Charles Darwin llegó a renegar en sus últimos años de vida de su teoría del origen de las especies, debido a esta incoherencia.

Posiblemente por esta enorme incongruencia en el seno de la teoría evolutiva, en los últimos tiempos, y especialmente en los Estados Unidos, los partidarios del Creacionismo han vuelto a ganar fuerza (sin ir más lejos, el vicepresidente norteamericano actual, segundo en el Gobierno de Estados Unidos tras el Presidente Donald Trump, es un ferviente Creacionista), logrando que el Evolucionismo se suprima de muchos planes de estudios en escuelas e institutos ya que, al fin y al cabo, ¿quién desea aprender algo que no puede demostrarse a nivel más básico?

El objetivo de este trabajo es mostrar que, si bien la hipótesis de la evolución defendida por Charles Darwin y gran número de científicos, me parece sobradamente más plausible que el Creacionismo, encuentro que existen alternativas evolucionistas que puedan adaptarse mejor a la explicación de por qué y cómo evolucionan los seres vivos. Cierto es que la hipótesis de la evolución ha sido ascendida ya a grado de teoría, aunque para ello, su postulado tendría que haber sido ampliamente demostrado, hecho que no ha ocurrido aún, debido por un lado a la cuestión temporal que supone comprobar esta sucesión de formas dirigida por la selección natural, que sobrepasa la escala humana, y por otro, a la ausencia de eslabones en el registro fósil, asunto que se analizará más adelante.

Entonces, ¿por qué se habla de "teoría de la evolución" en lugar de "hipótesis de la evolución"? En primer lugar, porque suena más contundente y convincente. En segundo lugar, porque los partidarios del Evolucionismo han sabido encontrar una "puerta trasera" para elevar la hipótesis a teoría. Si no es posible demostrarla tal cual, la dividiremos en axiomas que sí pueden verificarse y demostrarse y, de esa manera, si todas sus partes o axiomas son válidos, la hipótesis total también lo será, dejando a un lado la incómoda (y quizás sólo aparente, como creo y trataré de demostrar) ausencia de especies transitorias o esla bones "perdidos".

Llegados a este punto, considero de vital importancia dejar bien fundamentado que el principal obstáculo a vencer, si se desea comprender plenamente las ideas recogidas en el presente libro son los prejuicios. Por tanto, debe dejarse a un lado todo tipo de ideas preconcebidas sobre la evolución. Y el principal prejuicio a derribar, desde mi punto de vista, es la idea de *evolución dirigida*.

Estoy segura de que al escuchar la palabra "evolución", instintivamente acude a la mente de todos nosotros la figura lineal donde, de izquierda a derecha, se suceden las diferentes especies de homínidos, desde el chimpancé al hombre actual. Dudo mucho que a estas alturas, ninguna otra figura haya hecho mayor daño inconsciente que el esquema mencionado sobre la evolución del hombre. La evolución no es lineal, no es dirigida, no busca un fin concreto ni una forma específica. La evolución como tal es el paso de organismos simples (constituidos por elementos básicos) a otros más complejos (formados por una mayor complejidad de células, órganos y estructuras). Por tanto, a partir de ahora, cada vez que me refiera a evolución estaré refiriéndome a este paso incremental de complejidad estructural. Y como tal, dicha evolución únicamente persigue una ganancia tal en complejidad que permita a un ser vivo sacar el mayor provecho del medio que le rodea y, por tanto, es en cierto modo anárquica.

La teoría de la evolución de Charles Darwin constaba de dos postulados:

a) Todos los seres vivos derivamos de un antecesor común,

b) Las diferentes especies que se han ido sucediendo

en nuestro planeta lo han hecho en respuesta a una presión impuesta por la limitación del medio (tanto de alimentación, como de espacio), generándose una *selección natural* de las especies mejor adaptadas en cada caso, en detrimento de las más débiles y vulnerables.

Así, a simple vista, tal hipótesis bien debe ser considerada como teoría, dado que ambos postulados suenan de lo más lógico y coherente. Sin embargo es en "el postulado b" donde la teoría de Darwin parece fallar. Veamos por qué. «*No es la más fuerte de las especies la que sobrevive y tampoco la más inteligente. Sobrevive aquella que más se adapta al cambio.*» Charles Darwin dixit.

Según Darwin, los recursos limitados del medio y por tanto la muerte misma, es realmente el elemento dotado del creacionismo concedido hasta entonces a Dios, dado que la muerte "distingue" a dos individuos, que aparentemente iguales pueden diferenciarse mínimamente. Ese carácter diferenciador, cuya presencia en uno de los individuos ha evitado que sucumba, allí donde su semejante que carecía de él ha fallecido, es el que posiblemente genere una nueva especie. Pongamos un caso práctico. Imaginemos que hay un grupo de vicuñas, un camélido pariente de las llamas andinas, en una zona donde está ocurriendo una gran sequía. Sólo aquéllas con alta capacidad de retención de agua en su organismo lograrán sobrevivir a un período largo de sequía. Llegan mejores tiempos, se reproducen, y vuelve a ocurrir una nueva estación de sequía aguda, por lo cual nuevamente volverán a seleccionarse los animales cuyo organismo retenga mayor cantidad de líquidos o aquellos que requieran menor gasto de líquido para sobrevivir. Y de repetirse sucesivamente estos períodos de sequía, posiblemente se llegase a generar un nuevo tipo de camélido sudamericano, con almacenamiento de líquidos en su organismo más acentuado que en otros parientes. Cualquier observador externo que se hubiera topado con esta población de vicuñas antes de la sequía habría dicho que todas eran iguales, con leves variaciones de altura, anchura corporal o color del pelaje, entre otros factores. Sin embargo, ha sido la capacidad de sobrellevar mejor la limitación de agua lo que ha causado que unos animales sobrevivan mientras otros semejantes mueran. Sobre observaciones de ese tipo, Darwin fundamentó su "Principio de divergencia". Cuanta mayor diversificación estructural y de capacidades haya dentro de una población concreta, mejor se adaptarán estos individuos a las diversas condiciones cambiantes del medio, divergiendo entre sí y propiciando la generación de nuevas especies.

Por tanto, la sucesión de diferentes formas en los seres vivos, desde los primeros organismos hasta las formas actuales, ha sido gradual, pasando de unas formas a otras de manera continua, conociéndose así a este tipo de evolución como *Gradualista*.

Hasta aquí la hipótesis de Darwin. Ahora bien, corroboremos este hecho en el registro fósil. Si se ha dado, se habrá plasmado la muerte de unos organismos y la supervivencia de otros similares, a previa vista. Igualmente se verán fosilizadas las diferentes formas a lo largo del tiempo. Y, sin embargo, esto no ocurre. El propio Darwin percibió esta aparente incoherencia entre su teoría y la historia registrada en las rocas, atribuyéndola a un incompleto registro fósil que acarreó, mire usted qué coincidencia, que precisamente esas formas transicionales no llegaran a fosilizar. Los científicos lo secundaron hasta prácticamente hoy día, considerando que era una manera digna de hacer que las creencias evolutivas siguieran resultando válidas y coherentes, frente a los Creacionistas y Fijistas, partidarios no sólo del Creacionismo sino que consideran además que las especies son inmutables, que no evolucionan ni modifican sus morfologías lo más mínimo, desde que Dios las creó así.

Sin embargo, las cosas se complicaron, disipando las esperanzas puestas por los Evolucionistas en que el avance de la ciencia y la tecnología permitiría dar al fin con esas formas transitorias o eslabones perdidos. No obstante, el avance en las técnicas usadas por los geólogos a la hora de reconstruir la historia de la Tierra a través de los depósitos rocosos de las diversas edades, ha permitido conocer largos períodos temporales cuyo registro está prácticamente completo y en todos ellos se ha observado lo mismo: no hay transiciones graduales entre especies, sino que las nuevas formas aparecen totalmente formadas en el registro fósil.

En un nuevo giro lógico de tuerca a la teoría evolutiva, habría que deducir de lo anterior que la evolución se produce *a saltos*, esto es de manera discontinua, rápidamente y de forma puntual, en un determinado y breve (geológicamente hablando) espacio de tiempo. Es entonces cuando en 1972, Niles Eldredge y Stephen Jay Gould definieron su hipótesis, denominada *"Equilibrio puntuado"*, para explicar precisamente las evidencias del registro fósil mediante la acumulación de pequeños cambios a lo largo del proceso, que generará una nueva especie (*especiación*) en el momento en que todos esos cambios acumulados, así como un elástico estirándose va acumulando la tensión, se evidencien todos a la vez; como cuando al soltar el elástico, nos devuelve la tensión que había almacenado.

Por tanto, el *"Equilibrio puntuado"* es una mezcla de la teoría de Wallace - que entre otras cosas reparó en la importancia de las barreras geográficas en la distribución de especies emparentadas, sentando las bases de la biogeografía, hasta que se produce una nueva especie, evidenciándose la teoría darviniana- y de la naciente disciplina de la Genética y las mutaciones en los genes de los individuos de las diversas especies existentes.

En los sedimentos, dentro de la capa de un mismo periodo, todos los fósiles pertenecientes a una especie mostraban la misma variación morfológica (indicativa de su variación genética) que los distinguía de otras especies diferentes de la misma familia, evidenciando así un equilibrio en su morfología en las poblaciones entre sí y dentro de cada especie, que aparentemente no variaba. Sin embargo, en el tiempo aparecían y desaparecían especies nuevas totalmente formadas sin transiciones, de manera que las especies se creaban "puntualmente" y sin que, aparentemente nada en las formas anteriores avisara de la inminente aparición de la nueva especie.

El problema es que la investigación ha continuado y la tecnología ha ido diseñando aparatos cada vez más exactos y rigurosos. De esta manera, gracias al conocimiento de la forma en que determinados compuestos químicos derivan con el paso del tiempo hacia otras formas más estables, haciéndolo siempre de la misma manera, geólogos y geofísicos han podido datar de una manera muy precisa las distintas capas de sedimentos ("estratos"), logrando así leer en ellos, como si de un libro pétreo se tratase, la historia de nuestro planeta. Así se considera, mediante el estudio de los isótopos del plomo que se generan en los estadios finales de la serie de desintegración radiactiva del uranio-torio, en rocas terrestres, meteoritos y lunares, que nuestro sistema solar posee una edad de 4.800 a 4.600 millones de años de antigüedad. Supongamos que cada mil millones de años, transcurriera un día; nos encontraríamos ahora aproximadamente en el quinto día de la creación (no llegaría, serían exactamente 4 días, más 14 horas y 24 minutos de un quinto día, según Basil Booth y Frank Fitch, 1994). Siguiendo con este supuesto, hacia las 19 horas del primer día se generarían las rocas más antiguas halladas hasta el momento, que corresponden a lavas y rocas metamórficas que afloran en la zona de Isua, en Godhaad, en Groenlandia, con una antigüedad de 3.800 millones de años y que, al ser de naturaleza clástica, informan de que ya entonces existían relieves emergidos que eran erosionados depositándose el material arrancado en los ríos y mares de entonces. En el segundo día ya tendríamos formas de vida sumamente simple en los océanos, sin embargo la mayor explosión de formas vivas no llegaría hasta pasada la medianoche del cuarto día, aún en los mares. Con los primeros rayos del quinto día, la vida pasaría también a la tierra, poblándola con animales y plantas, cuyos abundantes restos formarían los numerosos depósitos de carbón de todo el mundo. Esta espesa vegetación se formaría hacia las 7a.m. del quinto día y hacia las 10-11, encontraríamos a los dinosaurios y sus coetáneos luchando por la supervivencia del más fuerte. No les durará mucho pues se extinguirían hacia las 13 horas, sucediéndoles los mamíferos y las aves que se diversificarían, apareciendo los homínidos hacia las 14.17 horas y encontrándonos en el momento actual, a las 14.24 horas de este quinto día.

Como se puede observar, los paleontólogos cuentan con un margen realmente estrecho de páginas pétreas del libro de la historia de la Tierra en el que no solo deben dilucidar las causas de generación de la vida (que desarrollaremos en el último capítulo), sino cómo ésta ha ido creciendo y diversificándose. Por uno de esos maravillosos obsequios geológicos que nos ofrece nuestro planeta, el libro pétreo más completo encontrado hasta ahora está en el Gran Cañón del Colorado, en Estados Unidos, que conserva el registro de prácticamente todos estos estratos, con un contenido fósil y químico que permite llegar a jugosas conclusiones sobre el tiempo en que se formaron esos depósitos y sus condiciones medioambientales.

Con todo, continuamos intuyendo que las especies evolucionan condicionadas por el medio en el que se desarrollan y, aun así, no poseemos una sola evidencia fósil que nos permita conocer cómo se genera una nueva especie.

¿O sí, y es simplemente cuestión de cambiarnos de gafas con las que observar el registro fósil y sedimentario, que nunca miente? Esta cuestión será el tema central del presente trabajo. Esperemos que a su conclusión, el lector pueda ser capaz de dar una respuesta a esta pregunta con argumentos que no poseía antes de leer el presente libro. Si es así, me doy por satisfecha.

«Todos los fenómenos de la naturaleza son sólo los resultados matemáticos de un pequeño número de leyes inmutables. (…) Las preguntas más importantes de la vida, de hecho, no son en su mayoría más que problemas de probabilidad.»

Pierre Simon Laplace

CAPÍTULO 1

LA CICLÍCIDAD DE LAPLACE

Si echamos una ojeada al movimiento de nuestro planeta y a los acontecimientos que en él ocurren, veremos que nuestra vida está regida por ciclos. El de día-noche lo debemos a la *rotación* de la Tierra sobre su propio eje; la sucesión de estaciones es debida a la rotación que realiza nuestro planeta alrededor del Sol, fenómeno conocido como *traslación*; los dos ciclos de mareas diarios están causados por la atracción combinada que la Luna y el Sol ejercen sobre las aguas de los océanos durante la rotación de la Tierra sobre su eje, siendo más altas de lo normal (denominadas *mareas vivas*) cuando Sol, Luna y Tierra se alinean (cada luna llena y nueva) y mínimas (denominadas *mareas muertas*), durante los cuartos creciente y menguante de la Luna, al contrarrestar nuestro astro la atracción efectuada por el Sol cuando éste se encuentra en ángulo recto respecto a la Luna, con la Tierra como vértice. Incluso los cometas y asteroides que surcan el cielo se ajustan a un rígido ciclo determinado por su órbita en torno al Sol. Todo en nuestro planeta sigue ciclos y los seres vivos repiten esos patrones al estar expuestos a ellos. Así, podemos citar el ciclo de las cosechas.

Ya en la prehistoria, el hombre observó el cielo y se

fijó especialmente en la constelación de Venus, que pronto asoció a la fecundidad de la Tierra, dado que el momento en que la estrella principal de la constelación (*Spica*) aparecía en el firmamento correspondía con la época de la siembra mientras su desaparición indicaba el momento de recogida de la cosecha, la cual se celebraba con grandes fiestas de agradecimiento a la fértil divinidad femenina.

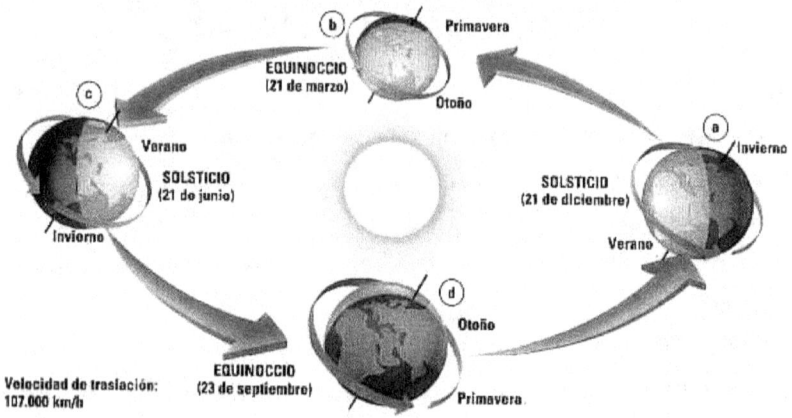

Figura 1.- Esquema del movimiento de la Tierra en torno al Sol durante un año terrestre

Hoy sobreviven estas celebraciones en forma de verbenas y procesiones locales a distintas ermitas.

También el crecimiento de las plantas es cíclico, como muestran los anillos de los troncos de los árboles p. ej. y también lo son los ciclos reproductivos de las hembras en los animales.

Además, los ciclos a pequeña escala, tales como los reproductivos en los seres vivos que habitan sobre la corteza del planeta Tierra, están estrechamente relacionados con otros ciclos de escala "media", por así decirlo, relativos a las órbitas de la Tierra y su satélite, la Luna; p. ej. las migraciones de aves o de las ballenas.

Estos ciclos, a su vez, se relacionan con otros de magnitud mucho mayor, referidos al Universo y al conjunto de elementos que lo constituyen e interactúan entre sí.

Llegados a este punto de observación, conviene centrar nuestra atención en un científico francés llamado Pierre Simón Laplace (1749-1827). Destacó en las ciencias matemáticas, físicas y astronomía. Vivió en la Francia agitada durante la revolución que condujo a la supresión de la monarquía en aquel país y ha sido considerado como una de las mentes más lúcidas de la historia.

Figura 2.- Retrato de Pierre-Simón Laplace e imagen de la portada de una de sus obras

En su extensa obra, formada por cinco volúmenes, titulada *"Traité de mécanique céleste"* (1799-1824), se permite completar las observaciones de Newton, perfeccionándolas e incluso añadiendo otras nuevas, demostrando matemáticamente sus afirmaciones y haciendo uso además de una cantidad ingente de datos muy precisos, evidenciando su dominio de esta disciplina.

Al hilo de las explicaciones a las "anomalías" que Newton dijo haber encontrado y no pudo explicar, Laplace recoge la demostración que realizó con sólo 23 años de edad (en 1772) sobre la aceleración de Júpiter y la desaceleración de Saturno -consignadas con horror por Newton, temeroso del impacto de Saturno contra el Sol y de la huida de Júpiter del Sistema Solar- Laplace demostró de manera rotunda cómo realmente eran hechos periódicos que acontecían cada mil años aproximadamente y en ningún caso de forma continua, como pensaban Newton y otros astrónomos de reconocida fama.

Posteriormente, en 1787 y con 37 años, Laplace demostraría que estas anomalías eran debidas a la posición relativa de ambos planetas respecto al Sol. Dos años más tarde, en 1787, volvía a disipar temores infundados de Newton, quien tras constatar la aceleración de la Luna, temía que acabara impactando con la Tierra. En ese caso, Laplace demostró que el movimiento de nuestro satélite era oscilatorio e igualmente periódico, debido a los efectos que le causaban la Tierra y el Sol. Laplace consideraba que estas variaciones periódicas debían "amortiguarse" o contrarrestarse entre sí, de manera que el resultado era un Sistema Solar estable y autorregulado.

Por tanto, dado que se han observado ciclos de menor escala reproduciendo el patrón que aparece a escalas mucho mayores, cabría preguntarse ¿Pudiera ser que la vida en el planeta Tierra siguiera a su vez un determinado ciclo, una ciclicidad concreta? La respuesta afirmativa de Laplace ha sido secundada por diversos autores, como Piet Hunt en 1984.

De hecho, en 1977, G. Fischer y Michael A. Arthur publicaron sus ideas sobre la existencia de una periodicidad en las extinciones registradas en las rocas de nuestro planeta que fueron confirmadas por otros autores. Así, en el ejemplar de la revista científica por excelencia, *Nature*, del 19 de abril de 1984, Luis Walter Álvarez (uno de los autores que propusieron la extinción de los dinosaurios causada por un meteorito) y Richard A. Muller publicaron sus hallazgos sobre una periodicidad de 26 millones de años en los cráteres meteoríticos causados por el impacto de estas rocas incandescentes procedentes del espacio sobre nuestro planeta.

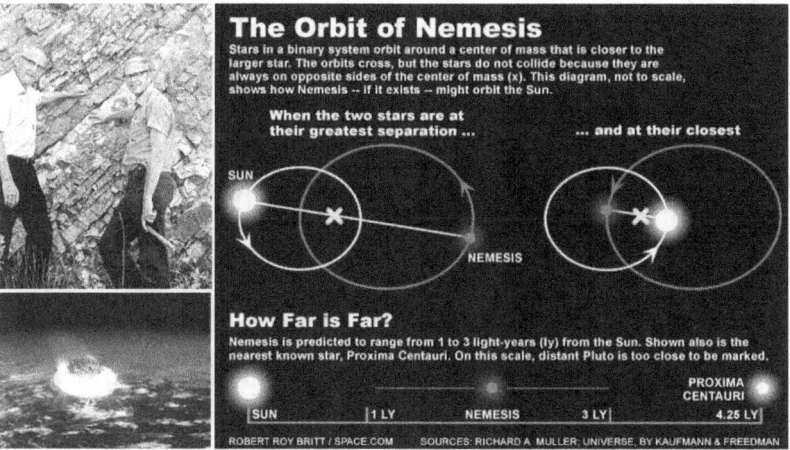

Figura 3.- El premio Nobel Luis Walter Álvarez y su hijo Walter posan junto al límite K-T (Cretácico-Terciario) en Gubbio, Italia, 1981, con lo que consideran evidencias del impacto de un posible meteoro que extinguió a los dinosaurios. Esquema de la "hipótesis Némesis" de Richard A. Muller

En ese mismo número de la revista, otro trabajo firmado por Marc Davis, Piet Hut y el mismo Richard A. Muller, hablaba sobre una periodicidad en las extinciones faunísticas, apuntando como posible causante a una estrella gemela del Sol, que proponían llamar *Némesis*, por alusión a la diosa de la Grecia clásica que podía ser tan pronto favorable al destino de los hombres como colérica sin aparente motivo, y que consideraban que podría ser una estrella de la tipología "enana marrón", de igual composición que una estrella, pero de menor masa y por tanto, menos energética.

Esta última idea aportaba un nuevo factor, dado que hasta entonces algunos científicos habían apuntado la idea de que cada 26 millones de años uno o varios cometas de la *nube o cinturón de Oort* se desviaban de su órbita, atraídos por la masa terrestre, impactando contra la superficie de la Tierra y causando la extinción de numerosas formas de vida que en ese momento habitaran el planeta. El cinturón de Oort, nube de Öpik-Oort o nube de Oort, como también se la denomina, debe su nombre al astrónomo holandés Jan Oort, quién en 1950 propuso la teoría que adjudica el origen de muchos cometas a una gran nube o cinturón, de un diámetro aproximado de cien mil unidades astronómicas, que rodea al Sistema Solar y que está constituida por billones de cometas. Durante mucho tiempo se suponía su existencia, hasta que por fin, hacia 1992, se pudo demostrar que era real, viéndose realmente que había un par de grandes anillos tridimensionales, en forma de esferas, en los confines del Sistema Solar, conformados por miles de millones de fragmentos de materiales rocosos, gaseosos y de hielo, más allá de la órbita de Neptuno.

Se cree que los cometas con órbitas de periodo corto, inferior a 200 años en la frecuencia de su paso por un mismo punto, podrían proceder del "Cinturón de Kuiper", ubicado más allá de la órbita de Neptuno, a unas 300 UA (unidades astronómicas, cada unidad astronómica equivale a la distancia Tierra-Sol) y entre sus componentes, además de cometas como el Halley, están Plutón o Caronte. Los cometas con órbitas de periodo largo, mayor de 200 años, se cree que proceden del "Cinturón de Oort", ubicado a partir de 30.000 UA desde la Tierra.

No obstante, el equipo de Davis proponía una posible y hasta la fecha desapercibida estrella como causante de esa anomalía que generaba una lluvia de meteoros, al influir sobre elementos que orbitan en la nube de Oort desviándolos y causando que la gravedad del Sol y de la Tierra los atrajera. Esta peculiar idea cuenta con dos grandes defensores en las personas de David M. Raup y J. John Sepkoski, quienes creen que efectivamente era precisamente ese gemelo del Sol esgrimido por Davis y compañía, al que denominaron *Némesis*, el causante de estas ciclicidades en las extinciones. Aportaban una nueva contribución al decir que este astro ubicado a una distancia de no más de 3 UA de su estrella gemela (nuestro Sol) era el causante de la captación y el desvío de cometas de la nube de Oort hacia la Tierra. Este gemelo solar de menor envergadura sería, en opinión de Raup y Sepkoski, el que poseería una órbita que cruzaría o se aproximaría bastante a la nube de Oort cada 26 millones de años.

Un riguroso relato de las investigaciones realizadas por ambos autores sobre este tema puede encontrarse en el libro que David M. Raup escribió en 1986, publicado en español en 1994, bajo el título de *"El asunto Némesis (la extinción de los dinosaurios)"*. Esta hipótesis sería aceptada y defendida por Alan Charing en su trabajo publicado en español en 1985, *"La verdadera historia de los dinosaurios"*, así como por Richard Muller en su obra *"Nemesis: the Death Star – Story of a Scientific Revolution"* (1989, *"Némesis: la Estrella de la Muerte – Historia de una Revolución Científica"*).

Aunque la existencia del cinturón de Oort y del cinturón de Kuiper ha sido demostrada en los últimos años, Némesis –si realmente existe– continúa aún oculto y no ha podido ser fotografiado o confirmado por astrónomos, por lo que su existencia aún no está demostrada. Precisamente la dificultad de dar con él ha motivado que algunos astrofísicos llegaran a sugerir que Némesis podría ser en realidad un agujero negro –un cuerpo tan masivo que atrapa a toda forma de materia y energía, incluyendo la luz, debido a su potente campo gravitatorio– de ahí que no pueda observarse. Sería como un enorme sumidero del Universo y, en concreto, de nuestra galaxia, que pasaría a ser un curioso sistema binario formado por el Sol y el Agujero Negro (Némesis).

También en la revista científica británica *Nature*, los científicos Daniel P. Whitmire y John J. Matese publicaban en 1985 la propuesta de otro candidato a ejercer la atracción sobre ciertos cometas de la nube de Oort, que sería un décimo planeta en los límites del Sistema Solar, cuya órbita y masa influirían sobre el cinturón de asteroides. Nuevamente, la existencia de este décimo planeta estaba relegada a la mera especulación, hasta que la sorpresa surgió el 14 de noviembre de 2003, cuando un nuevo planeta fue efectivamente detectado y confirmado por precisos aparatos astronómicos. A este último planeta conocido de nuestro sistema solar se le ha llamado *Sedna*. Sin embargo, debido a que su envergadura es menor que la de Plutón, pasó a ser considerado un "Planetoide" o "Planeta enano", jerarquía a la que descendió el propio Plutón en 2006.

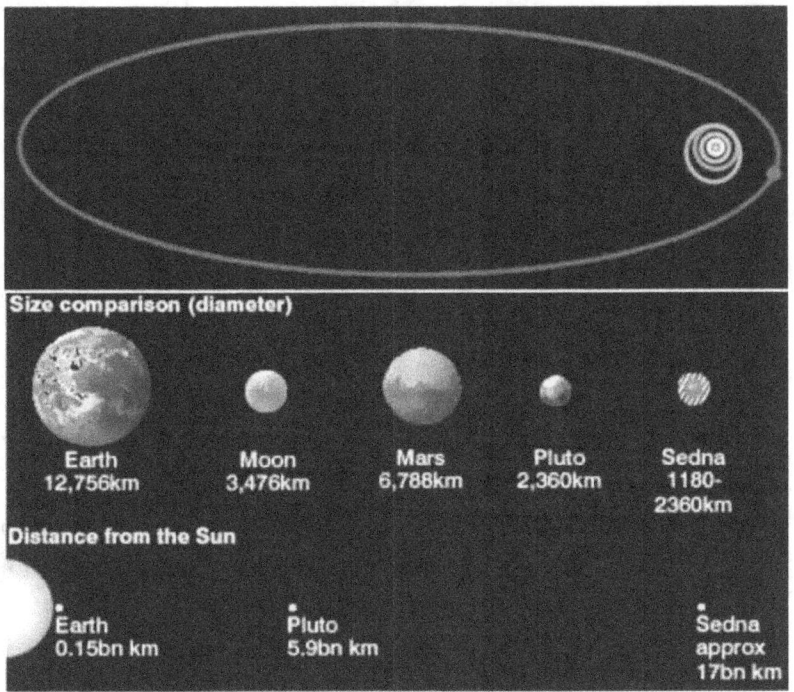

Figura 4- *Órbita del planetoide Sebna con respecto al Sistema Solar (arriba) y comparación de su tamaño y distancia con respecto al Sol (debajo)*

De lo que no cabe duda es de que Sedna presenta la mayor órbita alrededor del Sol de todo el Sistema Solar. Tal es así, que Michael Brown ironizó con que sería posible ocultar el Sol con la cabeza de un alfiler en la superficie de Sedna, debido a la distancia a la que se encuentra de la estrella solar, ubicándose a unos doce mil ochocientos millones de kilómetros de la Tierra. El punto más externo de su órbita lo aleja unos ciento treinta y cinco mil millones de kilómetros del Sol, es decir unas novecientas veces la distancia que nos separa del astro rey, tardando unos diez mil quinientos años terrestres en completar su órbita. Por ello, se ubica dentro de la amplia zona conocida como 'Nube de Oort' o 'Cinturón de Oort'.

Si bien su existencia ha sido a estas alturas sobradamente aceptada por los científicos, es aún desconocido si su paso por el cinturón de Oort cada 26 millones de años, tiene determinadas consecuencias sobre los seres vivos de nuestro planeta. Como se ha visto, cada 10.500 años terrestres, Sedna atraviesa el cinturón de Oort, por lo tanto los 26 m.a. a los que aluden Raup y Sepkoski corresponderían a unas 2.476 órbitas del planetoide. Habrá que esperar al estudio que los astrofísicos lleven a cabo sobre tal planeta enano para ver si realmente el relevo y extinciones de fauna en la Tierra han estado bastante más sujetos a las idas y venidas de elementos del universo de lo que en un principio se ha venido aceptando. También Daniel P. Whitmire y John J. Matese, así como otros científicos, consideraban que "Némesis" pudiera más bien ser un agujero negro y de ahí la dificultad para captar imágenes que corroboraran su existencia.

No obstante, surge un nuevo problema, dado que aunque son varias las extinciones faunísticas reconocidas en estratos geológicos cuya datación es similar a determinados cráteres de impacto o en depósitos donde el contenido de ciertos minerales evidencia la participación de un meteorito, aún no hay consenso entre la comunidad científica para asegurar que el impacto de un meteorito haya causado alguna vez la extinción de seres vivos (J. David Archibald, *"Dinosaur extinction and the end of an era. What the fossils say"*, esto es, *"La extinción de los dinosaurios y el final de una era. Lo que dicen los fósiles"*). Y aún así, han sido y siguen siendo numerosos, los prestigiosos científicos que han recurrido a una causa extraplanetaria para explicar pasadas extinciones bruscas de fauna, como las del final del Pérmico, hace aproximadamente 251 millones de años, cuando desapareció el 96 % de especies existentes; el final del Devónico, hace aproximadamente 365 millones de años, desapareciendo el 50 % de especies; varias extinciones Terciarias hace 40 m.a.; al final del Cretácico hace 65 m.a. se produjo la más famosa, al extinguirse grandes grupos como los reptiles marinos, reptiles voladores o pterosaurios, reptiles terrestres como los dinosaurios e invertebrados como los ammonites.

Diversity of marine animal families over geologic time

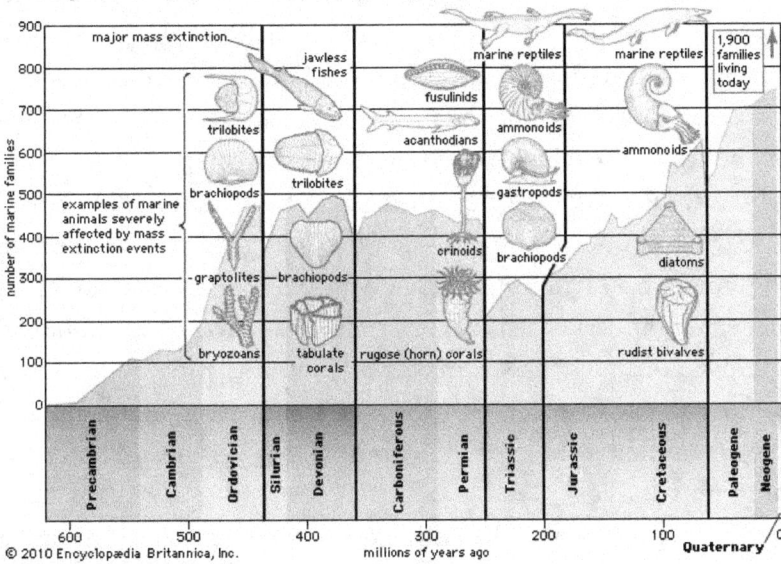

© 2010 Encyclopædia Britannica, Inc.

Figura 5.- Cuadro mostrando las extinciones masivas (caída en la curva de la gráfica que representa a las diferentes familias existentes, hacia el final de los distintos periodos) ocurridas en la fauna marina a lo largo del tiempo geológico

Estas grandes extinciones han sido estudiadas respectivamente por el paleontólogo alemán Otto Schindewolf (1962), el paleontólogo canadiense Digby McLaren (1970), el químico premio Nobel Harold Urey (1973) y el físico premio Nobel Luis W. Álvarez y su equipo (1980); todos ellos recurrieron a causas extraterrestres para explicar tan repentina y masiva muerte de especies.

Con todo, no son los únicos ciclos encontrados en la Tierra pues ya el ruso Milutin Milanković consideraba que la inclinación del eje de giro de nuestro planeta, la "oblicuidad de la eclíptica", que ocurre cada 41.000 años aproximadamente, afecta a la formación de glaciaciones. Y es que, durante la órbita terrestre alrededor del Sol, el planeta va oscilando como una peonza. De hecho, Milanković sostenía que durante las fases con inclinaciones superiores (pueden llegar hasta los 24,5 grados; actualmente el planeta muestra una inclinación de 23,5 grados sobre el eje de su órbita), las estaciones eran más drásticas, dándose inviernos muy fríos, primaveras y otoños muy lluviosos y veranos muy secos y calurosos. Cuando la inclinación era más baja (llegando a los 22,1 grados), los veranos e inviernos eran más suaves.

En la teoría de Milanković, la combinación de la inclinación y de la excentricidad (la órbita terrestre describe la forma de una elipse más acusada) de nuestro planeta era lo que provocaba las glaciaciones. Desde que fue enunciada, esta propuesta ha ido confirmándose de diversas formas. La última ocurría en 2007 cuando en la revista *Nature* un equipo multidisciplinar, con Kenji Kawamura a la cabeza confirmaba las ideas de Milanković, que señalaban a la insolación en el hemisferio norte como la responsable de la generación de glaciares, llegando a esta conclusión a través de los análisis de burbujas de aire atrapadas en los hielos milenarios de la Antártida.

Sin embargo, Milanković reparó en algo extraño y es que, entre un millón y tres millones de años atrás, cada

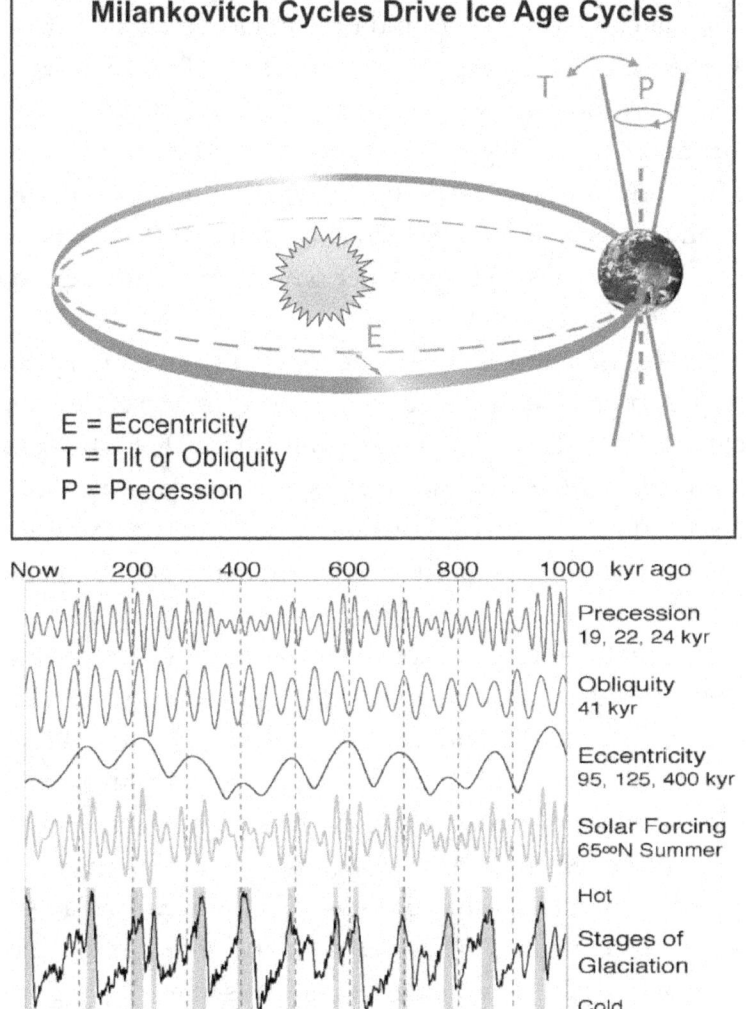

Figura 6.- Relación entre la excentricidad de la órbita terrestre alrededor del Sol, de las variaciones en la inclinación del eje terrestre (T: oblicuidad

o tilt, con acusado ángulo de inclinación del eje terrestre; P: precesión, con bajo ángulo de inclinación) y del enfriamiento (glaciación) o calentamiento (periodo interglacial, en gris en el gráfico) experimentado en la superficie terrestre, medido en función del isótopo $^{18}O/^{16o}$ en el último millón de años (200 kyr ago= hace 200 mil años)

41.000 años parecía existir un ciclo en las glaciaciones que coincidía con el de la oblicuidad (cambio de eje de rotación de nuestro planeta respecto a la vertical). Tres millones de años atrás, estos ciclos glaciares parecían ser mayores, si bien lo incompleto del registro sedimentario advertía prudencia en las conclusiones. Desde hace un millón de años hasta la actualidad, este ciclo ha pasado a ser de 100.000 años, lo cual coincide con las variaciones periódicas en la excentricidad de la órbita terrestre.

Resumiendo lo dicho hasta ahora en este capítulo, aunque parece que la idea de la existencia de cierta ciclicidad en las extinciones faunísticas terrestres está progresivamente cobrando nuevos adeptos, la confirmación de un ciclo de extinciones cada 26 millones de años en el registro fósil no ha podido confirmarse aún de manera rotunda.

Igualmente se desconoce a día de hoy el causante o detonante de tales extinciones, si bien el reciente descubrimiento del planetoide Sedna (el más alejado respecto a nuestro sol) y la suposición de un agujero negro en los confines de nuestra galaxia, han hecho centrar el foco de atención sobre ambos a muchos científicos. Habrá que esperar a un mayor estudio de la órbita y peculiaridades de este recientemente descubierto planetoide para poder responder si efectivamente es el causante del ciclo de extinciones en la fauna terrestre.

Tanto en el caso de Sedna y de un aún no encontrado planeta (ya conocido como "Planeta X", Iorio, 2009), como del supuesto agujero negro, su masa habría atraído a ciertos cometas (cuerpos formados por hielo y polvo que vagan por el espacio) o asteroides (cuerpos que orbitan por el espacio constituidos por roca o metal) que, por desviación, habrían impactado contra la superficie terrestre causando una alteración (radiación de rayos X, nube del material evaporado, que desmenuzado y puesto en suspensión, impidió que los rayos del Sol y su calor llegaran a la corteza terrestre o lluvia ácida, entre otros posibles efectos) que generó la mortandad en masa y posible extinción de parte de la fauna y flora existente en ese momento.

Figura 7. – Cráter de Arizona (USA), causado hace 50 mil años por un meteorito de unos 50 metros de diámetro. Tiene 1200 m x 170 m de profundidad. La madrugada (7.17 am, hora local) del 30 de junio de 1908 una gran explosión sacudió la zona de Liberia. Cuando varios meses más tarde llegaron los científicos se encontraron una zona limpia de vegetación (en la que actualmente aún no crecen árboles, derecha) y los árboles caídos como fichas de dominó desde ese punto (imagen central). Se cree que fue un meteorito de hielo que estalló en ese punto, sin llegar a impactar.

Sin embargo, los científicos no se ponen de acuerdo en si realmente alguna vez en la historia de nuestro planeta el impacto de un asteroide o cometa ha logrado exterminar a una especie animal o vegetal.

De hecho, son numerosos los paleontólogos que actualmente plantean sus dudas en lo relativo a la extinción de los dinosaurios. Así, J. David Archibald (1996) no ha dudado en ser el primero en escribir un libro donde precisamente se defiende la incoherencia de la teoría que achaca la extinción de los dinosaurios al impacto de un meteorito, animando a otros científicos a alzar la voz contra esta idea comúnmente aceptada y difícilmente demostrable.

Un argumento de bastante peso en este sentido es el hecho de no encontrarse en el registro fósil correspondiente la extinción de tan siquiera una sola especie debida al impacto del meteorito más famoso, el que generó el impresionante cráter de impacto Berringer, en Flagstaff, Arizona. Lo mismo cabe decir del bólido que estalló a escasa distancia del suelo, generando una descomunal onda de impacto en Tunguska (antigua URSS), en 1908, dejando los árboles derribados como fichas de dominó a partir del punto de explosión. Como digo, tampoco en este caso se dio la extinción de especie alguna.

Por otro lado, el hecho de que Sedna atraviese cada 10.500 años terrestres el cinturón de Oort, nos plantea la pregunta de por qué debería desviar elementos de ese cinturón hacia nuestro planeta cada 2.476 órbitas aproximadamente, que son las que corresponden a los 26 m.a. mencionados por Raup y Sepkoski, y no cada 10.500 años, que equivalen a cada cruce de Sedna con el cinturón de asteroides.

Pero no debemos ir tan lejos para encontrar ciclicidades en acontecimientos naturales que ocurren en nuestro planeta, como mostró Milanković ¿Deberíamos plantearnos si se dan acumulaciones como las propuestas para los seres vivos en la teoría del Equilibrio Puntuado (mencionada en la introducción), también en las extinciones?

CAPÍTULO 2

LA CUESTIÓN DE LA EVOLUCIÓN

Como se dijo en el prefacio, son muchos los libros y artículos escritos sobre el complicado asunto de la evolución, evidente para muchos y tan fantasioso como pendiente de demostración, para otros. Hasta que Charles Darwin no escribió su célebre *"El origen de las especies"*, publicada el 24 de noviembre de 1859, nadie en su sano juicio planteaba la evolución de los seres vivos en nuestro planeta, puesto que se creía a pies juntillas en la Biblia. Incluso actualmente son numerosos los colegios norteamericanos que han desterrado de sus libros de texto la evolución de los seres vivos, para volver a *enseñar* que todo fue creado tal cual existe actualmente por la mano del Todopoderoso. Dios creó todo en seis días y para que constase, así lo dejó plasmado en las Escrituras, redactadas y dictadas por Dios a los profetas. Fin de la polémica. Los que así opinaban y opinan, son denominados *Fijistas*, al considerar que las especies surgieron tal cual, sin apreciar evolución o cambio alguno en ellas. Dentro de los Fijistas, se dicen *Creacionistas* los que consideran la existencia de un Dios único y Creador (en las tres grandes religiones monoteístas), por oposición a los *Evolucionistas*, partidarios de la evolución, de la sucesión de formas y especies a lo largo de la vida de nuestro planeta.

Las ideas creacionistas han estado tan arraigadas en el mundo anglosajón, que al propio Darwin le costó tan duro y continuo esfuerzo luchar contra ellas que finalmente terminó claudicando, ante la imposibilidad de dar con una especie transitoria o eslabón perdido, y renegando de su propia teoría evolutiva. En este sentido no puedo dejar de recordar un relato que se cuenta al hilo de la publicación de la Teoría de la Evolución de Darwin, que siendo anecdótico para muchos para mí ha sido siempre la muestra perfecta del carácter anglosajón.

Se dice que estaba desayunando el obispo anglicano de Oxford y su esposa, mientras le servía el desayuno, le comentó conmocionada las noticias que se comentaban entre sus amigas de la alta sociedad, diciendo algo así como «*Cielo, ¿has oído las conclusiones del señor Darwin? Dice que cree haber encontrado evidencias de que somos parientes de los primates*» A lo que respondió el interpelado, sin desviar su mirada del periódico que leía «*Bueno, querida, mientras no se enteren nuestros vecinos y amistades...*» Este obispo, de nombre Samuel Wilberforce, aún fue más allá y en pleno debate de la Royal Society sobre la evolución, cuando el defensor del evolucionismo, Henry Huxley, insistió en voz alta y ante todos de la imposibilidad de negar nuestra descendencia de los primates, Wilberforce le preguntó, con fingido interés «*En su caso, Sr. Huxley, esa línea ¿le viene de su padre o de su madre?*».

Desde entonces, la alternativa a la creación divina ha sido rápidamente aceptada por toda la comunidad científica mundial y en general es posiblemente tan fervorosamente defendida por los científicos como antes lo era el Creacionismo.

No obstante, si queremos ser justos con la historia, debemos admitir que hubo autores que, bastante antes que Darwin, sugirieron una evolución de los seres vivos. Así, ya en el siglo VI a.C, Anaximandro de Mileto deja entrever en sus escritos la posibilidad de una evolución en los seres vivos a través del tiempo, al igual que Pitágoras, en el siglo IV a.C., interpretó los fósiles marinos hallados en las tierras emergidas como restos de antiguas invasiones marinas. No obstante, dado que gran cantidad de los escritos antiguos se han perdido a lo largo de los siglos, es bastante difícil llegar a conocer verdaderamente la opinión que estos antiguos y geniales filósofos tenían de los fósiles y la evolución en general. Sí sabemos, sin embargo, que el gran Aristóteles (s. IV a.C.) consideraba acertadamente que los fósiles eran organismos petrificados que habían vivido tiempo atrás, si bien era creacionista, en el sentido de considerar que las formas vivas nacían de otras inanimadas, como por ejemplo los peces surgían de las lágrimas.

Otro de los grandes méritos de este filósofo y científico –no en vano fue mentor de un joven Alejandro Magno- fue su denominada "scala naturae" o escalera de la naturaleza. Fiel al Principio de Plenitud enunciado por Platón (427-347 a.C.) que defendía firmemente no solo el Creacionismo sino el Fijismo, al sostener que el Dios que había creado el Universo, al ser perfecto, había hecho todo en conjunto y de una única vez, de manera que cada elemento era en sí mismo perfecto y ocupaba su espacio correspondiente como pieza de un todo que a la vez funcionaba de manera inmaculada. Aristóteles (384-322 a.C.) decidió desmontar esa perfecta máquina que era el conjunto de la creación divina, clasificando los seres vivos en función de la intensidad o vitalidad con la que el Creador les había dotado de "calor animal", la energía que los mantenía activos, les daba una mayor complejidad y los permitía reproducirse de manera más compleja. Así, partiendo de las rocas (sin nada de "calor animal") inorgánicas, pasaba a los organismos que aparecían por generación espontánea según él (medusas, corales o esponjas, entre otros), de ahí a los que generan geles (caracoles, babosas, estrellas de mar,..), seguirían los ponedores de huevos cada vez más perfectos conforme más "calor animal" tuvieran (insectos, invertebrados marinos, vertebrados marinos o anfibios) y finalmente vertebrados terrestres). Seguirían los cuadrúpedos terrestres, los grandes vertebrados mamíferos marinos y finalmente, en la cumbre de su escalera, el ser humano.

Esta idea tuvo gran aceptación entre los sabios cristianos que en la Edad Media rescataron los escritos de la Grecia clásica, añadiendo su granito de arena al incluir en la cumbre de esa escalera de la naturaleza la categoría divina por encima del hombre, el Cielo, los Ángeles y Dios. Ya en épocas más cercanas a la nuestra, encontramos claras alusiones a la evolución de los organismos en escritos de autores, destacando cómo el genial y polifacético Leonardo Da Vinci pone en duda las ideas de autores clásicos sobre la naturaleza y origen inorgánico de los fósiles, defendidas por la escuela platónica en la Grecia antigua, Plinio (s. V a.C.), Avicena (s. XI d.C.), o más tarde Georg Bauer Agrícola (ss. XV-XVI d.C.) y hasta el mismísimo Voltaire (s. XVIII d.C.). Por su parte, el científico británico Robert Hooke (s. XIX d.C.) se convertirá en uno de los primeros impulsores de las teorías evolutivas, con sus estudios centrados en fósiles microscópicos.

Las teorías científicas plenamente aceptadas en el ámbito académico desde la Grecia clásica, excluyendo a Anaximandro, cuyas ideas evolucionistas fueron deliberadamente ignoradas, eran plenamente fijistas.

Figura 8.- "Las escalas del Intelecto": desde el peldaño inferior (donde tiene apoyado el pie izquierdo) hacia arriba, están: Piedras> Fuego>Plantas>Bestias>Humanos>Cielo>Ángeles>Dios.

Podemos entenderlo por la relevancia filosófica que conllevaban. Desde la aparición del cristianismo y de otras religiones monoteístas el hombre era considerado el culmen de la creación. Como decían las Escrituras, todo había sido creado por Dios para uso y disfrute del ser hecho a imagen y semejanza de la divinidad. Y por tanto, considerar que el hombre podía haber evolucionado de otros seres menos dignos o que unos animales habían aparecido derivados de otros, le restaba poder a Dios, dando a entender que en cierto modo la creación se le había ido de las manos, evolucionando por su cuenta. Y eso no podía consentirse.

En el mismo contexto debemos encuadrar la pugna histórica del Geocentrismo, o concepción de la Tierra como centro del universo conocido, frente al Heliocentrismo, que cedía el papel de personaje principal al sol. Recordemos que el científico polaco Mikolaj Kopernik (más conocido por su nombre latinizado, Nicolás Copérnico) tuvo serios problemas con la Iglesia Católica por las derivaciones filosóficas que implicaba su modelo heliocéntrico del universo conocido y, sin embargo, la Iglesia permitió que el heliocentrismo fuera explicado en universidades como teoría matemática.

Con estas consideraciones previas, encontramos que científicos tan destacados como el sueco Carl Nilsson Linnaeus (Carlos Linneo, 1707-1778), padre de la nomenclatura binomial actual, consistente en otorgar a cada organismo dos nombres, uno para el género y el segundo para la especie, y el francés Georges Léopold Chrétien Fréderic Dagobert Cuvier (barón de Cuvier, 1769-1832), fundador de la anatomía comparada, fueron fervientes fijistas. Sin embargo, Cuvier, profesor de anatomía comparada del Museo Nacional de Historia Natural de París, destinó gran parte de su vida al análisis de los diferentes fósiles contenidos en los estratos de la cuenca Terciaria de París.

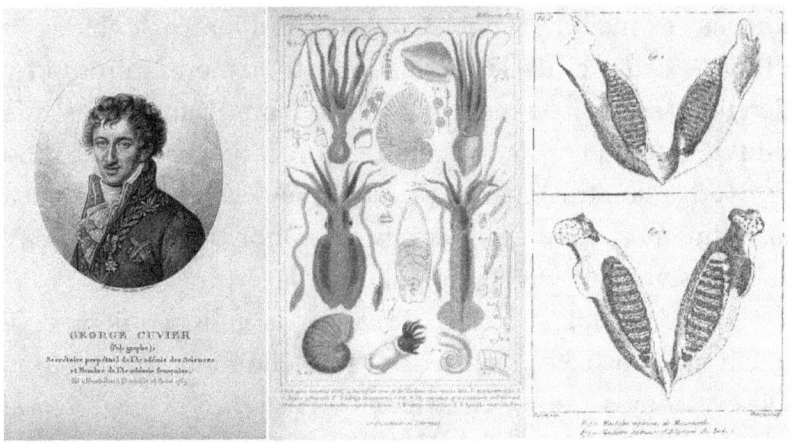

Figura 9.- Distintas láminas realizadas por Georges Cuvier usando la anatomía comparada entre los fósiles y parientes vivos de dichas especies.

Hasta ese momento se consideraba que las especies habían aparecido como seres independientes unos de otros y con todas sus particulares características morfológicas. Es decir, se negaba la evolución y la variación de formas, como se ha visto anteriormente. Se llegó incluso a negar las extinciones. De hecho, el geólogo escocés James Hutton (1726-1797) consideraba que todo había sido en el pasado tal cual lo es ahora, sin cambios en los relieves ni en los seres vivos desde que fueron creados, de manera que muchos de ellos aún seguían existiendo entre nosotros; sólo teníamos que saber encontrarlos y reconocerlos. Para estas afirmaciones, Hutton se basaba en la similitud de muchos fósiles con especies actuales (ammonites y *Planorbis* con caracoles actuales, cocodrilos y anfibios fósiles con los actuales ostreidos fósiles, etc). Sin embargo Georges Cuvier observó en el registro fósil de la cuenca de París que había determinadas especies que eran sucedidas por otras con cierto parecido, aunque diferentes, hasta extinguirse y tras esta extinción local volvían a sucederse especies hasta nuevas extinciones, que Cuvier consideraba debidas a diluvios como el de la Biblia. De esta manera, introdujo y defendió la idea de las extinciones. Para él, una catástrofe diluviana traía consigo la repoblación con especies fijas (no derivadas de otras), hasta que una nueva catástrofe acuática las eliminaba, para ser reemplazadas por otras distintas. Y así sucesivamente en el tiempo.

Como tal sucesión de especies independientes se debía a catástrofes, su teoría se denominó *Catastrofista*. Observaremos que contribuyó bastante a la teoría darviniana evolutiva, a pesar de ser muchos los que le recriminan no prescindir de Dios, pero seamos consecuentes con los tiempos en los que vivió Cuvier. La Biblia se consideraba como una verdad inmutable, así que a mi modesto entender Cuvier fue bastante osado al proponer no un diluvio o catástrofe, sino tantos como extinciones y relevos de fauna y flora observó. De hecho, sus observaciones de extinciones se ajustaron bastante bien a las que aún hoy día los geólogos seguimos considerando. Recordemos que el mismísimo Newton puso a Dios como impulsor de los astros en sus órbitas, responsable de que no se desviaran; y que Charles Darwin llegó a renegar de su propia teoría de la evolución por ir contra la Biblia. Sin embargo, ambos autores no han sido juzgados por estos hechos con tanta severidad como lo ha sido Cuvier.

Esta idea de catástrofes generadoras de extinciones y cuantiosas mortandades supuso un gran cambio de mentalidad, puesto que hasta entonces la idea de una muerte a gran escala estaba relegada a Dios y a sus arranques iracundos. Ahora se admitía que las especies podían desaparecer totalmente de la faz de la Tierra, o de parte de ella, como consecuencia de cambios en el medio donde vivían; bien como consecuencia de arranques iracundos de la divinidad que dirigía diluvios universales contra ellos o bien por efecto indirecto de otras acciones que causaban esos cambios en el entorno. Localmente, estas extinciones permitían lograr un objetivo perseguido por muchos científicos, datar los estratos aunque fuera de manera relativa, dado que los sedimentos que contuvieran esas especies y su registrada extinción, forzosamente deberían tener la misma edad, ya que la catástrofe que los aniquiló ocurrió muy rápidamente en el tiempo.

Sin embargo, lo que más arraigó de esta teoría fue la idea de grandes catástrofes moldeadoras de montañas, valles, volcanes y demás elementos de la orografía terráquea. Frente a estas explicaciones geológicas de los relieves terrestres surgieron en contraposición las ideas del abogado y geólogo británico Charles Lyell (1797-1875). Continuador de las ideas de su paisano Hutton, Lyell defendió que las catástrofes no habían sido tan recurrentes y responsables de los relieves terrestres como pretendían los catastrofistas sino que en el pasado había ocurrido, como en la actualidad, que todo transcurría tranquilamente salvo alguna excepción (inundaciones locales, terremotos puntuales, avalanchas en determinados valles durante la época invernal,...). De esta manera, Lyell creó y defendió la idea de *Uniformitarismo*, que basaba en cuatro pilares fundamentales, a saber: el *actualismo* y el *uniformismo* de James Hutton, resumido en la sentencia "el presente es la clave del pasado" (todo cuanto aconteció entonces, ocurre ahora y con sus mismos efectos, dejando los mismos sedimentos), el *gradualismo*, que afirma que todos los procesos geológicos, salvo pequeñas excepciones, han transcurrido de manera lenta, gradual y progresiva, y el *antiprogresivismo,* que dice que el aspecto general del planeta ha sido siempre el mismo, ya que por cada relieve que se erosiona se crea otro nuevo que será a su vez erosionado.

Figura 10.- Retratos de James Hutton (izda) y Charles Lyell.

Mientras Lyell polemizaba con los defensores catastrofistas, partidarios de las ideas de Cuvier para explicar las formaciones geológicas, el conde de Buffon (Georges Louis Leclerc, 1707-1788) y Erasmus Darwin (1731-1802) retomaban las ideas de Cuvier sobre la sucesión de especies parecidas pero diferentes entre sí, y esbozaban las primeras bases de la evolución de las especies, unas a partir de otras, si bien no llegaban a dar motivos o explicaciones de cómo y por qué se sucedían. Este científico, Erasmus Darwin, que mantuvo un intercambio de cartas con Cuvier en lo relativo a la similitud de fósiles con formas actuales posiblemente emparentadas, era el abuelo de Charles Darwin.

Ahora bien, en todos estos casos, la hipótesis de una evolución independiente de un ser superior, sólo se sugería, nunca se afirmaba abiertamente, quizás por temor a represalias laborales y sociales en sociedades donde el cristianismo estaba fuertemente arraigado en todos los aspectos.

Una persona que nació y murió en las mismas fechas que Erasmus Darwin fue el naturalista francés Jean-Baptiste-Pierre-Antoine de Monet de Lamarck (1731-1802). Este científico usó por primera vez el término de "Biología" para referirse a la ciencia que estudia a los seres vivos y es considerado por muchos científicos como el padre de la Paleontología de Invertebrados. Pues bien, fue también el primero en elaborar una teoría evolucionista sobre el origen de las especies. Para este autor, *"la función crea el órgano"* y por tanto es el ser vivo con sus hábitos el que va desarrollando unos órganos y atrofiando otros, de manera que pueda adaptarse al medio para sacar el máximo rendimiento de éste. Pero además, si ambos progenitores presentan los mismos cambios, éstos serán transmitidos a su descendencia, que partirá con ventaja respecto de otros organismos que no cuenten con estos cambios adaptativos. Esta capacidad de adaptación y cambio se debe a lo que Lamarck denominó "impulso vital", una energía interna propia de los seres vivos.

De esta manera, el naturalista francés estaba otorgando autonomía e independencia plena a cada organismo y capacidad para dirigir su propio cuerpo y el de su descendencia, de manera que prescindía por completo de un ser divino superior. No contento con eso, observó que de acuerdo con el gradualismo de Lyell, estos cambios morfológicos ocurrían de manera lenta pero progresiva, por lo cual dedujo que debía haber transcurrido una cantidad ingente de tiempo desde que apareció el primer ser vivo sobre la superficie de la Tierra hasta alcanzar la enorme diversidad existente de organismos vivos. Consecuentemente, rechazaba los seis mil años de antigüedad que los creacionistas, basados en la Biblia, otorgaban a la Tierra.

Figura 11.- Retrato de Baptiste Lamark junto un esquema resumen de su teoría evolutiva.

En 1809 nace en Inglaterra Charles Robert Darwin y con veintidós años se embarca en el HMS Beagle para dar la vuelta al mundo, recalando en distintos lugares donde tomar muestras que respaldaran las ideas gradualistas de Charles Lyell. Basándose en sus observaciones, efectuadas principalmente en las islas Galápagos (Ecuador), en 1838 desarrolla la idea de la selección natural, apoyándose en los estudios realizados por Thomas Malthus y divulgados en 1798, en la obra titulada *"Un ensayo sobre el principio de la población"*. Malthus pretendía con ese estudio influir en la mentalidad de las familias inglesas para evitar la procreación de numerosos hijos, ya que, inevitablemente, ante la limitación de recursos, se conseguirían elevados niveles de mortandad, como consecuencia de la lucha por alimentos y recursos.

Por su parte, el naturalista galés Alfred Russel Wallace (1823-1913), fundador de la Biogeografía o estudio de la distribución de los seres vivos, tras llevar a cabo detallados trabajos biológicos en la cuenca del río Amazonas y el archipiélago malayo, recopiló suficientes datos como para afirmar -siguiendo las ideas rompedoras de Lamarck- la teoría de la selección natural como motor de la evolución de las especies. Igualmente, desarrolló otros postulados de importancia en Biología, como el concepto de *'aposematismo'*, referido al hecho de que algunas especies desarrollen determinados aspectos para asustar a sus posibles predadores, como la serpiente que imita a una mortal víbora en su forma y colorido o ciertas plantas que optan por determinada coloración, predilecta por insectos que contribuirán activamente en la polinización de sus flores.

Centrándose en la selección natural, Wallace observó que ésta puede causar un aislamiento reproductivo que genere la creación de nuevas especies, al dejar de ser fértiles con sus semejantes determinados elementos de una población, acotando de esta manera la variedad de genes que caracterizarán a dicha especie en las sucesivas generaciones. Esta idea sería retomada posteriormente por los geólogos norteamericanos y neodarwinistas Niles Eldredge y Stephen Jay Gould, al desarrollar su teoría del Equilibrio Puntuado (1972).

Continuando con Wallace, sus ideas le crearon enemistades entre el conservador mundo científico, dado que hablaba sin decoro de ideas espiritualistas y además se atrevió a criticar públicamente el sistema socioeconómico británico. Por este motivo, siendo conocedor de las ideas de Charles Darwin, en 1858 decide enviarle un trabajo en el que desarrollaba su propia teoría de la selección natural siguiendo sus observaciones de campo, así como las ideas de Lyell, Lamarck e incluso Malthus. Finalmente, ese mismo año, ambos autores, Charles Darwin y Alfred Russel Wallace, publican el famoso libro en el que exponen la teoría de la selección natural, titulado *"El origen de las especies por medio de la selección natural, o la preservación de las razas preferidas en la lucha por la vida"*.

Figura 12.- *Alfred R. Wallace, co-creador de la teoría de la selección natural de las especies, como motor de la evolución.*

En la obra, mostraban a las especies como elementos sobre los que actuaba la selección natural y carecían por ello del poder que Lamarck les otorgaba, ya que la descendencia era distinta de sus progenitores y entre sí, siendo la naturaleza y la limitación de recursos los que seleccionaban al animal más fuerte y condenaban a la extinción al más débil. Sin embargo, como decía Lamarck, los vencedores conseguían reproducirse y transmitir su herencia a los hijos. De manera que, aunque los descendientes se diferenciaban de sus progenitores y entre sí, presentaban parte de esas adaptaciones, ampliando así la variabilidad de la especie para lograr sobrevivir como tal, más que como individuos.

Mientras estas discusiones transcurrían en el ámbito de la Geología y la Biología, la Genética estaba siendo desarrollada. Entre los científicos dedicados a esta disciplina, se encontraba el botánico holandés Hugo Marie de Vries (1848-1935), que acertadamente dedujo el efecto y causa de las mutaciones, denominándolas por primera vez con el término de "mutación". Incluso se aventuró a admitir que todas las especies vivientes pudieron surgir por medio de mutaciones. De esta forma, la evolución no se daba de manera gradual, sino a saltos causados por las mutaciones, que conllevaban cambios "de golpe". Por ello esta idea se denominó *Teoría Saltacionista*.

Figura 13.- Retrato de Hugo Marie de Vries junto a una de las láminas de sus obras donde por primera vez se habla de las mutaciones.

Sin embargo, para el motivo de la evolución que nos ocupa, la importancia de las mutaciones radica en que invalidaban en parte las ideas de Lamarck y de Darwin-Wallace, en relación con la herencia de los caracteres adquiridos, ya que demostraban que la descendencia no recibe de sus progenitores el desarrollo de determinadas estructuras si no es a través de características configuradas en sus genes. En otras palabras, que si un nadador y una nadadora con anchas espaldas -consecuencia del desarrollo excesivo de determinados músculos de esa zona- tienen un hijo, no implica que éste vaya a nacer con la musculatura de la espalda excesivamente desarrollada, sino que tendrá los mismos músculos que cualquier niño de su especie.

De esta manera, sin entrar a considerar el revuelo que supuso para muchos aceptar que el resultado cumbre de la creación, el ser humano, estaba emparentado con los primates, el darwinismo recibió numerosas críticas, por no explicar la variabilidad de los seres vivos y su diversificación, así como por fallar en la explicación de la herencia de los caracteres adquiridos.

Frente a las críticas, el genetista soviético Theodosius Dobzhansky (1900-1975), el zoólogo alemán Ernst Walter Mayr (1904-2005), el botánico y genetista estadounidense George Ledyard Stebbins (1906-2000) y el paleontólogo estadounidense George Gaylord Simpson (1902-1984), deciden unir los descubrimientos de sus disciplinas en lo relativo a la evolución, creando la denominada *"Teoría Sintética"* o Neodarwinismo. Como elementos novedosos incluía la genética mendeliana y el carácter de las mutaciones de De Vries. Así, y muy simplificadamente, siguiendo las ideas darwinistas, los descendientes amplían la gama de genotipos -posibilidades de recombinación de genes- dentro de una determinada especie y la selección natural se encarga de eliminar los genes defectuosos, que para los autores son aquellos que inducen a desarrollar estructuras de bajo valor adaptativo. Mientras tanto, las mutaciones -cambio de unos alelos por otros, en los genes-pueden provocar cambios aleatorios dentro de los individuos de una misma especie y si son cambios muy marcados o se acumula una cantidad considerable de éstos, puede conducir a la creación de una nueva especie, por incompatibilidad reproductiva con individuos de aquella de la que proceden. Requiere la persistencia de las condiciones ambientales durante el tiempo suficiente para provocar cierta adaptación en las especies que habitan dicho medio. Como aportación relevante, defienden que no todo el individuo debe experimentar cambios, sino únicamente un determinado órgano o carácter. Es lo que se denomina *"Evolución en mosaico"*.

Nuevamente surgieron críticas a esta teoría, dado que para unos dichas variaciones genéticas, creadas por las mutaciones y la recombinación de genes, pueden estar limitadas o ser provocadas por cierto determinismo molecular y no por puro azar. Para otros, precisamente el azar juega el papel más importante en la evolución, porque no sólo permite una variabilidad genética dentro de una especie, sino que además determina qué individuos viven o mueren, independientemente de los recursos naturales. Esta última manera de pensar recibe el nombre de *"Teoría Neutralista"* y se considera fundada por el naturalista japonés Kimura, recibiendo tal nombre porque considera que todos los individuos y caracteres tienen igual peso o potencialidad de sobrevivir y es el azar caprichoso el que decide.

Para hacer frente a estas nuevas críticas, los paleontólogos norteamericanos ya mencionados, Niles Eldredge, nacido en 1943 y autoridad mundial en el Neodarwinismo, y Stephen Jay Gould (1941-2002) desarrollaron su *"Teoría del Equilibrio Puntuado"*, que dan a conocer en 1972. En ella aunaban los principios de la *acumulación de cambios* de Wallace con el *saltacionismo* de De Vries y Goldschimdt, de manera que las especies iban acumulando pequeños cambios producto de mutaciones, que denominaron microevolución o evolución a pequeña escala, con cambios mayores o macroevolución, que conllevaban la aparición "de pronto" de una nueva especie.

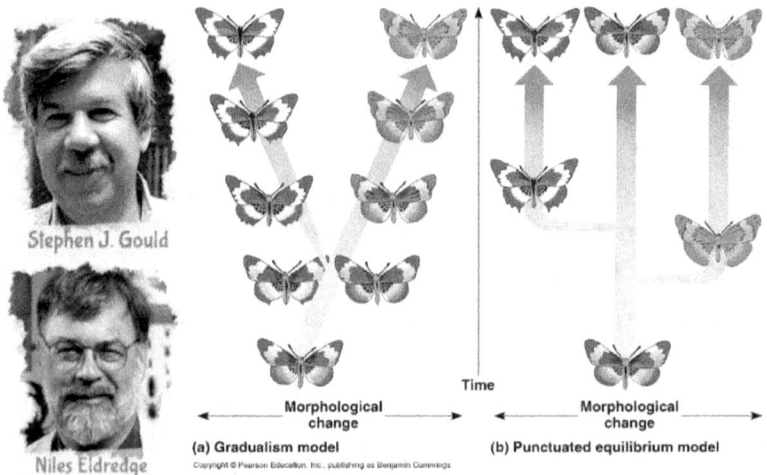

Figura 14.- Los autores del modelo del "Equilibrio Puntuado" y un esquema de éste (a la derecha) frente al modelo de gradualismo evolucionista (izquierda).

Ésta se mantenía estable por largo tiempo, si bien internamente comenzaba de nuevo a sufrir pequeños cambios que se iban acumulando, hasta que surgía otra especie. Por tanto, esos largos periodos, aparentemente sin cambios apreciables, eran el periodo de vida de una especie, durante la cual fosilizaba y por ello aparecía como especie clara y diferenciada en lugar de aparecer como una forma transicional. De esta manera se pretendía responder al eterno argumento en contra de la evolución: la ausencia de eslabones perdidos o formas transicionales en el registro fósil. Hasta entonces se explicaba por los evolucionistas como imperfecciones del registro, pues se considera que únicamente conocemos el 5 % de los géneros de dinosaurios que existieron, así como al hecho de que el 95% de los seres vivos que han existido se encuentren extintos.

Finalmente, autores como el zoólogo Pierre-Paul Grassé, 1895-1985, han reavivado el *Neutralismo*, señalando al azar como principal motor evolutivo y no a la selección impuesta por el medio dado. Por ejemplo, de ocurrir un alud de nieve en una determinada zona sobrevivirían los animales que pudieran volar o las plantas cuyas esporas o semillas se hubiesen enterrado antes de llegar la época de las nieves y no el animal que mejor resistiera el frío; un lobo o un reno serían igualmente arrastrados por la avalancha, muriendo por el impacto de ésta o al golpearse durante el arrastre contra diversos objetos.

A juicio de Grassé, los darwinistas y neodarwinistas cometen el error de confundir adaptación con evolución ya que para estos científicos, los animales al tratar de adaptarse aumentan su variabilidad genética, mientras que Grassé recuerda que el éxito del ser humano reside precisamente en su mala adaptación a un medio en concreto, por lo que puede adecuarse a todos y a ninguno, según conveniencia. Para Grassé es precisamente esa acomodación tan precisa a las condiciones medioambientales la que llevará a la extinción de las especies, siendo directamente proporcional al grado de acomodo.

Pues bien, hasta aquí y brevemente, se han resumido las diversas ideas evolucionistas que se han ido sucediendo a lo largo de la historia.

Figura 15.- "La evolución de lo viviente", una de las obras más conocidas de Pierre-Paul Grassé.

Antes de continuar, me gustaría aclarar otra crítica que hacen algunos creacionistas a la *Teoría de la Evolución*. Si nos centramos en la terminología científica, un conjunto de ideas científicas recibe el nombre de 'hipótesis'. Con el trabajo empírico, por experimentación, se demuestran esas ideas, o se rechazan si se comprueba que las observaciones en las que se basan no son ciertas. Un ejemplo sería si cuando cruzamos un perro negro con una perra blanca pensásemos obtener una camada de cachorros grises, pero hacemos el cruce y comprobamos que no se cumple. Cuando las hipótesis son verificadas por la experimentación y comprobadas como ciertas, se denominan 'leyes'. Por ejemplo, la ley de la Gravitación Universal, descubierta y enunciada por Isaac Newton.

Un conjunto de leyes (recordemos, hipótesis cuya veracidad ha quedado sobradamente demostrada experimentalmente) dan lugar a una 'Teoría'. Por ejemplo, la Teoría de la Relatividad de Albert Einstein, compuesta por un conjunto de leyes, lo que conlleva que todo el conjunto que conforma la Teoría también será previsiblemente cierta.

Dicho esto, una de las críticas que más recurrentemente se efectúan a la *Teoría de la Evolución* alude precisamente al hecho de considerarla Teoría/cierta, pues debido a la escala de tiempo que maneja, el periodo de vida de varias especies que se suceden, no permite comprobar experimentalmente su veracidad. Con todo, algunos autores han recurrido a estudiar a especies con cortos periodos de vida, por ejemplo las bacterias o las moscas y, aunque en el caso del zoólogo P. Grassé advirtió una gran variabilidad genética producto de las mutaciones, tuvo que admitir que un elevado porcentaje de bacterias actuales se mueven dentro de un margen de variabilidad muy semejante al que ya había millones de años atrás. ¿Significaba esto que la evolución no ocurre? No, la evolución se da, pero no opera a un ritmo tan rápido como el que cabría esperar.

Regresando a la *Teoría de la Evolución de las Especies*, en primer lugar, se basa en una serie de premisas o leyes que se han comprobado ciertas, como la genética mendeliana, las mutaciones y su funcionamiento, el aislamiento reproductivo que 'degenera' en nuevas especies, entre otras, y por otro lado, experimentalmente sí ha podido observarse con especies de corto tiempo de vida en sus individuos (por ejemplo peces, insectos,...) cierta adaptación al medio y competencia por los recursos limitados, entre otros factores. Es decir, en todo momento la *Teoría de la Evolución* sigue la rigurosidad propia de una ciencia empírica y hay numerosos científicos en todo el mundo que se encargan de comprobar y enriquecer cada una de las aportaciones que otros científicos van realizando al conocimiento de la evolución.

Es cierto que aún quedan cientos de pequeños matices e incongruencias por aclarar pero, siendo objetivos, son tan numerosos como los que se dan en otras teorías al aplicarse a ámbitos mayores, como ocurre con la teoría de la relatividad aplicándola a la génesis del Cosmos, o con las leyes de la termodinámica al analizar el origen de la materia en el universo.

El objetivo de este trabajo es mostrar que, si bien la teoría de la evolución defendida por Charles Darwin y gran número de científicos me parece sobradamente más plausible que el creacionismo, encuentro que existen alternativas evolucionistas que pueden explicar mejor que las ideas de Darwin, el por qué y cómo evolucionan los seres vivos. Llegados a este punto, considero de vital importancia dejar bien fundamentado que el principal obstáculo a vencer, si se desea comprender plenamente las ideas recogidas en el presente libro, son los prejuicios. Para ello, como indiqué en el prefacio, considero vital dejar a un lado todo tipo de ideas preconcebidas sobre la evolución. Y el principal prejuicio a derribar, como expuse al inicio de este libro, es la idea de evolución *dirigida*, posiblemente muy influenciada por las figuras lineales en las que, de izquierda a derecha, se suceden las diferentes especies de homínidos, desde el chimpancé al hombre actual, cada vez más guapo, fornido y proporcionado. Como dije, dudo mucho que a estas alturas ninguna otra imagen haya hecho mayor daño inconsciente en la historia que el esquema mencionado sobre la evolución del hombre.

La evolución no es lineal ni dirigida sino que es una simple adquisición en complejidad desde organismos simples, constituidos por elementos básicos, a otros más complejos, formados por una mayor diversidad de células, órganos y estructuras. A partir de ahora, cada vez que me refiera a evolución estaré refiriéndome a este paso incremental de complejidad estructural que permite a un ser vivo sacar el mayor provecho del medio que le rodea y, por tanto, es en cierto modo anárquica, dado que dependerá de infinidad de parámetros temporales y espaciales. Con todo, habría que plantearse si un virus, reducido meramente a una sucesión de genes y tan simple que incluso para muchos científicos no debería ser considerado como un ser vivo, posee o no mayor éxito en lo relativo a su supervivencia que el más complejo de los seres vivos, aparecido sólo al final de una larga sucesión de formas vivas. O la razón por la cual, seres vivos tan primitivos como los tiburones, que no poseen ni corazón, bombeador de sangre a todo el organismo, hayan permanecido prácticamente sin un solo cambio desde que aparecieron en el Paleozoico, hace más de 290 millones de años, y aún a día de hoy sean los principales depredadores marinos.

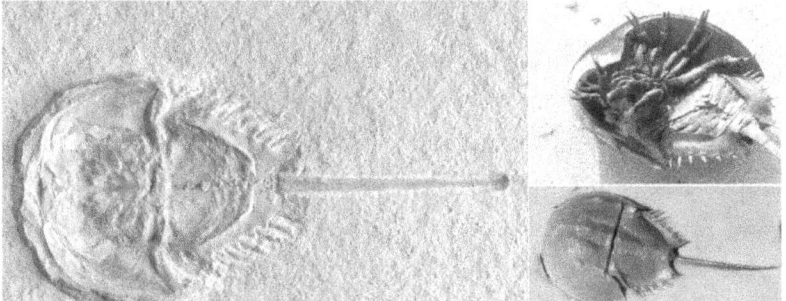

Figura 16.- Comparación del fósil de un "cangrejo herradura" del Jurásico Superior (aprox. 150 millones de años), con un ejemplar actual (Limulus polyphemus), *prácticamente idéntico.*

Por todo ello, la cuestión de la evolución, o conocer las causas que motivan que aparezca una nueva especie, es el caos en estado puro, dado que nunca llegará a existir una máquina con memoria y capacidad suficientes para lograr la consideración y el análisis de los infinitos parámetros y variables que rigen cada momento en la vida de cada uno de los seres vivos que existen, han existido o existirán. Por ello, como los neutralistas defienden, parece que todo responde al capricho del azar, puesto que excede a nuestro alcance poder conocer la infinidad de variables que realmente provocan esa selección natural. Es decir, la selección natural o el incremento en complejidad de los organismos y la sucesión de especies se nos antoja un capricho aparente del azar, por nuestra capacidad limitada de considerar las variables que realmente actúan. Poniendo un símil, para unos la observación del cometa Halley pasando cerca de la Tierra será un acontecimiento puntual y único y habrá otras personas que, basándose en observaciones realizadas por distintos científicos a lo largo de la historia, sepan que realmente el cometa tiene una periodicidad promedio de 75-76 años, y que tendrán que esperar ese tiempo para volverlo a observar nuevamente a simple vista.

Regresemos a la *Teoría de la Evolución* de Charles Darwin. Consta de dos postulados

a) Todos los seres vivos derivamos de un antecesor común, idea ya enunciada por Erasmus Darwin, abuelo de Charles, noventa años antes

b) Las diferentes especies que se han ido sucediendo en nuestro planeta lo han hecho por una presión impuesta por la limitación del medio, tanto de alimentación, como de espacio, generándose una *selección natural* de las especies mejor adaptadas en cada caso, en detrimento de las más débiles y vulnerables.

Así, a simple vista, bien debe ser considerada tal hipótesis como teoría, dado que ambos postulados suenan de lo más lógico y coherente. Sin embargo es en el postulado b) donde la teoría de Darwin parece fallar, puesto que si los recursos del medio limitan a la especie, tanto en la proliferación de individuos como en la supervivencia de la propia especie, habrá que admitir que es la muerte en sí la que selecciona (y no Dios). Puesto que la muerte distingue a dos individuos que aparentemente parecen iguales, difiriendo entre sí mínimamente, es ese carácter diferenciador el que posiblemente genere una nueva especie. Así, la sucesión de diferentes formas, en cada una de las cuales se dio cierta variabilidad morfológica y genética, en los seres vivos desde los primeros organismos hasta las formas actuales, ha sido gradual, pasando de unas a otras de manera continua de acuerdo con el tipo de evolución *gradualista*. Hasta aquí la hipótesis de Charles Darwin.

Ahora bien, corroboremos este hecho en el registro fósil. Si ciertamente se ha ido dando esta sucesión de especies, en la que ciertas variables morfológicas se han visto favorecidas por el medio para generar nuevas especies, en el registro fósil, a simple vista se habrá plasmado la muerte de unos organismos y la supervivencia de otros similares, así como veríamos fosilizadas las diferentes formas a lo largo del tiempo. Y sin embargo esto no ocurre. Veamos un caso práctico, acudiendo de nuevo al caso de los tiburones.

Anteriormente dijimos que desde el Paleozoico tienen una apariencia muy similar a la actual, de manera que en el registro fósil de los escualos deberíamos observar formas de apariencia redondeada, que indudablemente sucumbieron, y morfologías aplanadas que también se extinguieron, ya que sin duda fue la fusiforme la "acertada" o "premiada" por el medio para sobrevivir. Lo mismo cabría esperar de cada elemento suyo, órganos sensoriales, ausencia de corazón, cantidad de dientes, número concreto de branquias, etc. Cabría esperar un registro fósil con todo un amplio abanico de variaciones de cada una de estas posibilidades extintas hasta dar con la combinación correcta que es el actual tiburón. Y sin embargo no es así. Es más, las variaciones en estos animales a lo largo de los más de doscientos (largos) millones de años han sido asombrosamente bajas. De hecho, salvo por determinadas estructuras, prácticamente podríamos decir que las formas extintas eran similares a las que actualmente encontramos vivas en nuestros océanos. ¿Cómo puede ser esto?

El propio Darwin percibió esta aparente incoherencia entre su teoría y la historia registrada en las rocas, atribuyéndola a una falta del registro fósil; es decir, no podemos ver esa gradación continua de formas porque únicamente se han conservado hasta nuestros días determinados depósitos, pero no todos.

Sorprendentemente, una gran cantidad de científicos aceptaron y compartieron estas ideas hasta prácticamente la actualidad. Y sin embargo, el avance en las técnicas usadas por los geólogos a la hora de reconstruir la historia de la Tierra a través de los depósitos rocosos de las diversas edades nos ha permitido conocer largos períodos temporales cuyo registro está prácticamente completo y en todos ellos se ha observado lo mismo: no hay transiciones graduales entre especies, sino que las nuevas formas aparecen totalmente formadas en el registro fósil. De ello habría que deducir que la evolución se produce *a saltos*, de manera discontinua y rápidamente, de manera puntual, en un determinado y breve, geológicamente hablando, espacio de tiempo. Es entonces cuando en 1972, Niles Eldredge y Stephen Jay Gould definieron su hipótesis denominada *"Equilibrio puntuado"* para explicar precisamente las evidencias del registro fósil. De acuerdo con los autores norteamericanos, las especies eran estables durante un largo período de tiempo, de aproximadamente 10 millones de años, hasta que de pronto, en un determinado y breve –puntual- momento geológico, cambiaban de golpe y aparecía en el registro fósil una nueva especie totalmente formada. Por tanto, basándose en ideas del matemático estadounidense Sewall Wright (1889-1988) y el ornitólogo Ernst Mayr, anteriormente mencionado (*Teoría Sintética),* y de Wallace, Niles Eldredge y Stephen Jay Gould, defendieron la hipótesis de la evolución de las especies ocurrida por el aislamiento geográfico de una determinada población que cambia rápidamente, de nuevo geológicamente hablando, ya que puede tratarse de un periodo de 5 a12 millones de años.

Debido a la reproducción, limitada genéticamente, de los individuos aislados que componen ese grupo, de desaparecer la barrera que los aislaba se habrán convertido en un grupo diferente de sus inicialmente semejantes, no pudiendo reproducirse con ellos, o bien generando descendencia no fértil, de hacerlo. De este modo, en el registro fósil de ese área en concreto se vería un periodo inicial con una o varias especies y un periodo posterior donde aparece otra especie ligeramente diferente de una que ya existía, formada por escasos individuos y cuya población aumenta con el tiempo, llegando a relevar, incluso, a la especie inicial. A esta idea se la conoce como '*evolución*

Alopátrica', por contraposición con la llamada *'evolución simpátrica'* propuesta, caracterizada por una ausencia de aislamiento geográfico para explicar la especiación. Como ejemplo de ésta última, podría citarse un grupo de una especie parásita que comience a frecuentar a una nueva especie, adaptándose a ella y modificándose, en lugar de a su huésped original.

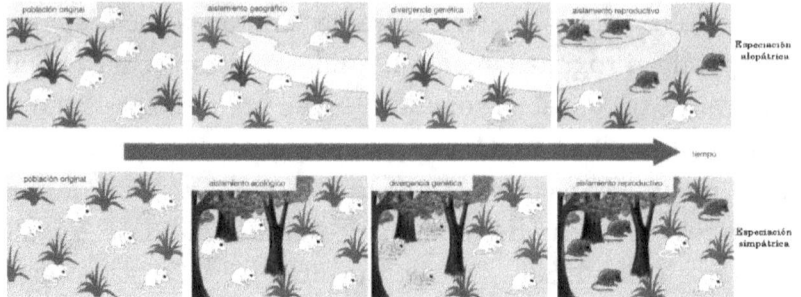

Figura 16.- Especiación alopátrica (superior) versus especiación simpátrica (inferior). En ambos casos la población original (primer recuadro) sufre un aislamiento (segundo recuadro), geográfico en la alopátrica y ecológico en la simpátrica que genera una divergencia genética (tercer recuadro) generando un aislamiento reproductivo (cuarto recuadro) de la nueva especie surgida, respecto de la original.

Sintetizando lo visto hasta ahora, Charles Darwin y Alfred Russel Wallace sentaron definitivamente las bases para considerar racionalmente la teoría de la aparición y sucesión de las distintas formas de seres vivos en nuestro planeta, sin necesidad de recurrir para ello a la acción de un ser divino todopoderoso, cuya existencia debe ser aceptada por fe. Sin embargo, desde entonces se ha tendido a dividir en dos bandos las teorías que expliquen la presencia de seres vivos en nuestro planeta. O se es creacionista o se es evolucionista y dentro de cada una de estas dos opciones, o se acepta el todo o nada. El lote viene completo. Y es aquí donde disiento. Es decir, comparto con Alfred Wallace y Charles Darwin –así como con su abuelo Erasmus y con Buffon– la idea de que los seres vivos se originaron de un antecesor común y que han ido evolucionando las diversas formas en los seres vivos, a lo largo de la historia de nuestro planeta. No obstante, difiero en la idea del factor causante de dicha sucesión de formas, para Charles era la limitación de los recursos del medio en el que viven los seres vivos, y cómo se han generado y generan éstas, que para Charles era de manera continua y gradual. De la misma manera que niego el creacionismo por falta de pruebas palpables que puedan ser refutadas, niego que las especies deriven unas de otras de manera gradual, dado que el registro fósil tampoco respalda esta hipótesis.

De atender a los hechos, el *equilibrio puntuado* de Eldredge y Gould es la explicación confirmada por multitud de evidencias y por cada una de las especies fósiles halladas hasta el día de hoy. Esta hipótesis parece ajustarse bastante a las observaciones del registro fósil analizado, pero ¿responde realmente a todas las dudas evolucionistas? ¿Es realmente así como han surgido todas y cada una de las formas y especies de seres vivos que pueblan, poblaron y poblarán nuestro planeta?

«La ignorancia engendra más confianza de la que con frecuencia engendra el conocimiento. Son aquellos que saben poco, y no aquellos que saben mucho, los que afirman positivamente que tal o cual problema jamás podrá ser resuelto por las ciencias.» Charles Darwin

CAPÍTULO 3
¿QUÉ OCURRE CON LA EVOLUCIÓN HUMANA?

Desde que se aceptara la idea de la evolución, tanto desde el punto de vista de Wallace -recordemos su conocido pensamiento de las generaciones de jirafas con los cuellos alargándose de forma acorde con sus esfuerzos para alcanzar vegetación cada vez más alta- como desde Darwin y su idea de que son las duras condiciones del medio las que seleccionan, se ha instalado en nuestras cabezas una idea de sucesión de formas dirigidas a una finalidad. Algo que continuamente el registro fósil se empeña en desmentir.

Tal vez, parte de la culpa de considerar la evolución como algo dirigido en un sentido determinado, la tengan los esquemas explicativos que suelen figurar en los libros de los escolares, ya mencionados en el prefacio y en el capítulo anterior. Incluso las campañas publicitarias fomentan esa idea de perfeccionamiento de la especie humana hacia individuos cada vez más musculosos, altos e inteligentes. Y sin embargo, todo es falso.

Ya el propio Charles Darwin y sus seguidores hicieron hincapié en que la evolución nunca está dirigida en una sola línea, sino que los seres vivos despliegan un amplio abanico de posibilidades y la dureza del medio selecciona las más apropiadas, que les permiten sobrevivir y reproducirse, perpetuando así su especie.

Desde el punto de vista científico y paleontológico, el ser humano es un simio más, incluyéndose dentro de los Primates, de los Haplorrinos o primates sin hocico. Dentro de los Haplorrinos, se ubica entre los simios y, dentro de éstos, entre los Catarrinos Hominoideos, tal como se muestra

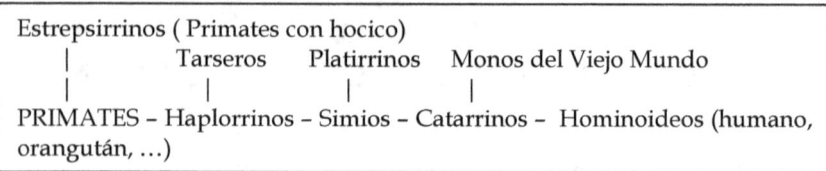

```
Estrepsirrinos ( Primates con hocico)
   |         Tarseros     Platirrinos    Monos del Viejo Mundo
   |            |              |                  |
PRIMATES – Haplorrinos – Simios – Catarrinos – Hominoideos (humano,
orangután, …)
```

Una vez que llegamos al género *Homo*, surgen los debates. Un hecho es irrebatible, por muy creacionista que se sea: los hallazgos efectuados, ubicados en el tiempo y en el espacio cronológico dado por los sedimentos que los contienen, que informan del espacio y tiempo en que vivieron las distintas formas halladas, que se recogen en la figura 17. Como se observa, las evidencias paleontológicas distan mucho de ese esquema lineal de formas en una única dirección evolutiva. Tampoco el paso del *Homo erectus* al *Homo sapiens* está tan claro como aparece en la parte superior de la figura 17, sino que es más bien como se observa en la figura 18. De esta manera, la evolución humana, a día de hoy, quedaría representada de la manera que se recoge en la figura 21 (si bien, debemos insistir, las líneas direccionales son semejantes a las mostradas en las figuras 18 y 19, en muchos casos dudosas, a la espera de nuevos hallazgos que confirmen o cambien tales suposiciones).

En el último par de años, el estudio de restos de los primeros homínidos ha llegado a retrasar su origen en un millón de años. Así, el equipo de investigadores dirigido por Fred Spoor (del Max Planck Institute for Evolutionary Anthropology) ha atribuido una mandíbula humanoide hallada en Etiopía, con 2,3 millones de años, a un antecesor del *Homo habilis*, aún no descrito ni nombrado oficialmente, a la espera de nuevos hallazgos.

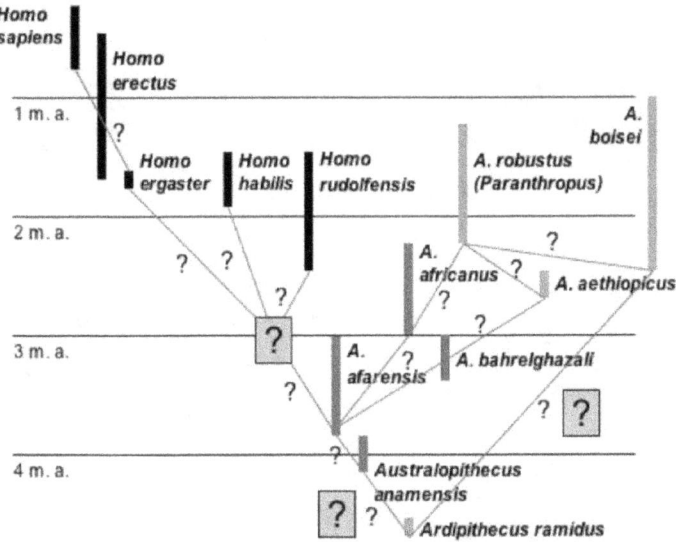

Figura 17.- Esquema de los distintos hallazgos, ubicados en el tiempo, relativos a la evolución del ser humano. La extensión temporal de cada especie aparece representada por su barra correspondiente.

De acuerdo con las ideas tradicionales que se vienen sosteniendo en los últimos veinte años, el primer homínido con capacidad para producir sus propias herramientas y comenzar a transformar el medio de manera significativa fue el *Homo habilis*, cuyo nombre destaca precisamente ese ingenio o creatividad. Hasta la fecha, únicamente se han hallado sus restos en la entonces sabana tropical africana, hace aproximadamente un millón de años, estimándose que la máxima densidad de su población alcanzó los 125.000 individuos.

Académicos como Bernard Campbell consideran que posiblemente en el grupo social del *H. habilis* se dio por primera vez la división del trabajo, la caza en grupo y otras actividades que favorecieron la socialización del individuo, comenzando a ganar peso el grupo sobre sus componentes aislados.

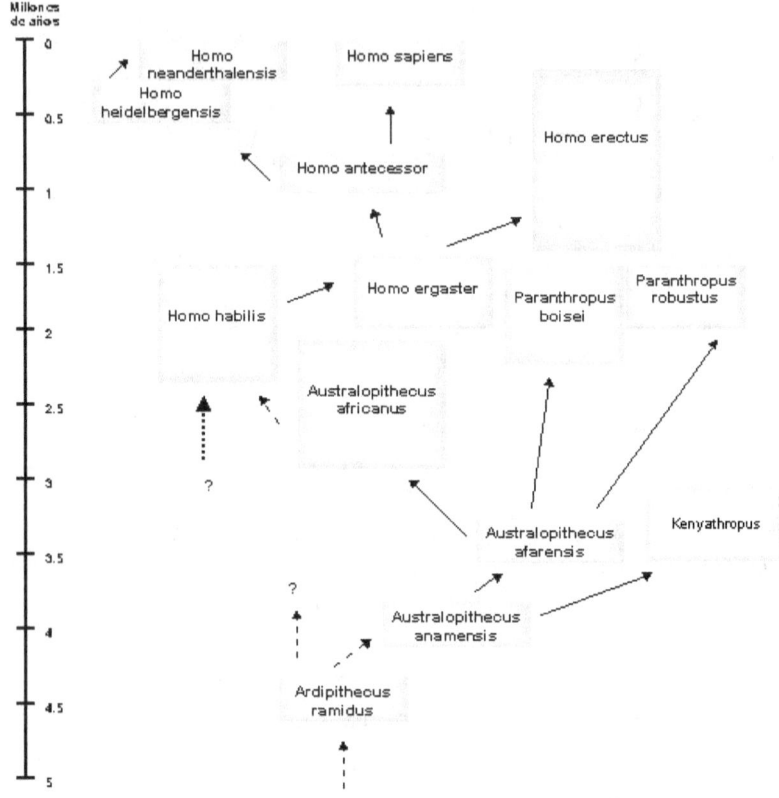

Figura 18.- Distintos géneros hallados en lo relativo a la evolución humana, ubicados en el tiempo.

A partir del *H. habilis* se considera que surgió el *Homo erectus*, de acuerdo con los descubridores del cráneo que propició la definición de este nuevo homínido, Richard Leakey y Bernard Ngeneo, en 1975, en el keniano yacimiento de Koobi Fora. Con cerca de un millón setecientos mil años de antigüedad y una capacidad cerebral de aprox. 750-1400 c.c. (frente a los 1000-2000 c.c. del hombre moderno actual), este nuevo homínido era comparativamente más bajo, de aprox. 1,60 m de altura, y robusto que el *H. habilis*.

Por ello, durante muchos años se mantuvo un intenso debate sobre si el espécimen encontrado que dio lugar a la descripción del nuevo homínido podría ser un *H. habilis* con algún tipo de enfermedad o malformación en sus huesos que los hiciera más gruesos.

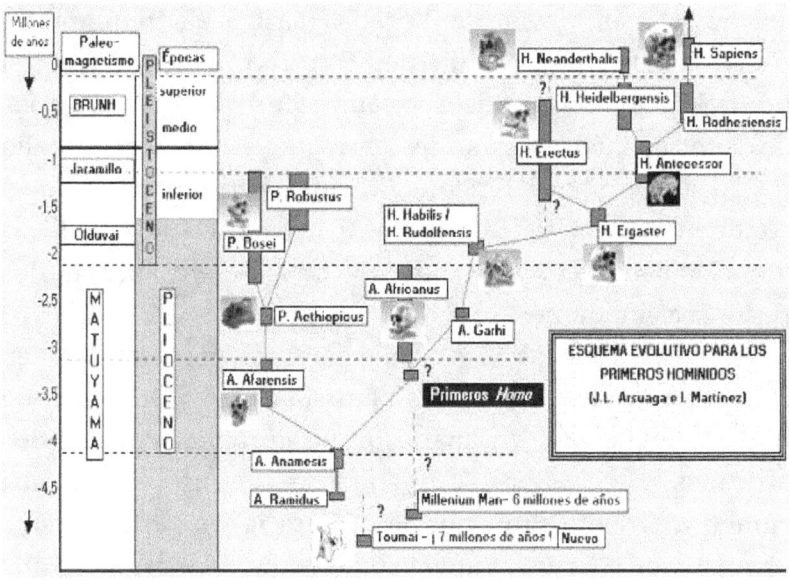

Figura 19.- Esquema filogenético de los homínidos, de acuerdo con los profesores José Luis Arsuaga e Ignacio Martínez, a tenor de los últimos descubrimientos paleontológicos.

Hallazgos posteriores descartaron tal idea. Entre los hechos más relevantes del *H. erectus* se encuentra el hecho de ser el primer homínido en salir a colonizar otras tierras y continentes desde África.

De acuerdo con las hipótesis de ciertos antropólogos, del *Homo habilis* derivaría también el *Homo ergaster*. De este nuevo homínido derivarían a su vez, en diferentes ramas, el *Homo antecessor* y el *Homo erectus*.

Llegados a este punto, debo señalar otra falsa suposición que aún sigue manteniéndose por parte de varios académicos. Aún viéndose que en la Península Ibérica existen vestigios de más de un millón de años y que se han hallado eslabones de la cadena evolutiva humana (*Homo antecessor*), sin obviar la llegada masiva de inmigrantes procedentes del otro lado del Estrecho de Gibraltar casi todos los meses de cada año; aún así, digo, son varios los académicos que siguen sosteniendo que el ser humano salió de África rumbo a Oriente Próximo para cruzar todo el continente europeo de oeste a este, llegando en último lugar a la Península Ibérica, donde por tanto se encontrarían los restos más modernos.

Son muchos los hallazgos encontrados en la Península Ibérica, suficientes para sustentar la hipótesis de que, posiblemente, una parte de los primitivos homínidos africanos pasó a Europa, mientras otro grupo se alejaba rumbo a Oriente Próximo. Son migraciones perfectamente compatibles y hasta complementarias. Es muy probable que la supuesta irradiación vía Oriente Próximo-Asia- Oeste europeo-Este de Europa acabara encontrándose en suelo peninsular con individuos derivados de la otra gran corriente migratoria que cruzaría el actual estrecho de Gibraltar.

Afortunadamente, modernos hallazgos en el registro fósil han permitido añadir sucesivas nuevas precisiones a las ideas que ya se tenían. Así, se ha visto que los polémicos restos de homínidos de Venta Micena en Orce, Granada, han dejado de ser problemáticos, al atribuirse plenamente a un homínido. Dataciones posteriores mostraron, además de su indudable condición humana, que posiblemente tengan entre 1,22 y 1,77 millones de años de antigüedad (Duval et al., 2011), existiendo hasta el momento fragmentos de cráneo, una falange y un húmero de un mismo individuo infantil, con evidencias de haber sido atacado por carroñeros. Cerca de allí, en Cueva Victoria, Murcia, aparecieron restos de cuatro individuos, todos adultos excepto uno, también con evidencias de haber sido atacados por hienas y con una edad de 1,4 millones de años (Moure y Santos, 2004). De poder confirmarse su atribución al *Homo erectus*, resultarían ser los restos más antiguos de Europa y una baza muy sólida para sostener que una oleada de homínidos procedente de África realmente se decidió a cruzar el Estrecho mientras sus congéneres ponían rumbo a Oriente Próximo. Restos de esta especie están confirmados en el 700.000 en Cataluña, si bien existe material lítico claramente manipulado por el ser humano (aunque desafortunadamente no hay restos óseos suyos) en el yacimiento gaditano de El Aculadero (900.000 años), en los sorianos Torralba y Ambrona (1,5 millones de años) y en los de la terraza superior del Tajo (Talavera de la Reina, de 1,6 millones de años) realizados claramente por preneandertales (posiblemente *H. erectus*), de acuerdo con los académicos Querol y Santonja (1983). Son por tanto contemporáneos a los instrumentos líticos hallados en la isla de Java (yacimientos de Djetis y Trinil), así como los de Chilhac III (Auvernia, Francia) y en Ubeidiya (Israel), todos ellos de los más antiguos registrados hasta el momento (Manuel Santonja, 1983).

En lo referente a los restos de Atapuerca, atribuibles al *Homo antecessor*, han resultado ser realmente más antiguos de lo que se consideraba. Aparte de en la sierra burgalesa, esta especie también se encontraba asentada en otros lugares europeos, como en Inglaterra, concretamente en Norfolk, donde se han encontrado pisadas atribuidas a esta especie (Nicholas Ashton et al., 2014).

A pesar de todo, los restos más antiguos que se conservan en la Península Ibérica de *Homo sapiens* no superan los 40.000 años y por tanto debe seguir manteniéndose como válida la hipótesis de que llegara a la Península procedente del continente europeo cruzando los Pirineos ya que ´al otro lado´ de esta cordillera se han encontrado restos de *H. sapiens* más antiguos que los peninsulares.

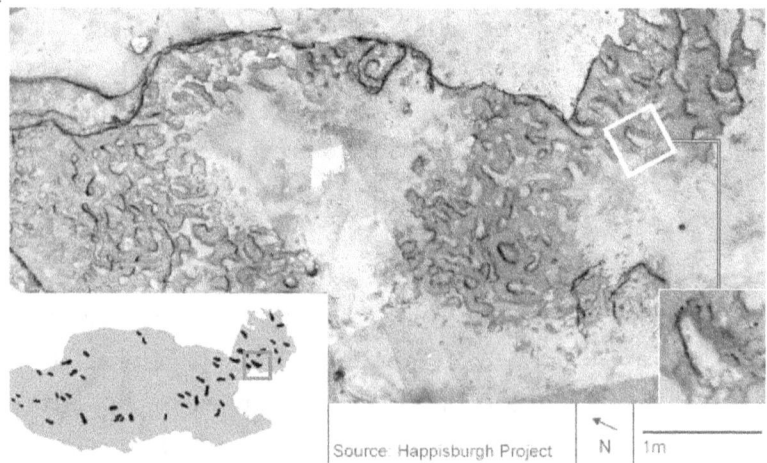

Figura 20.- Huellas atribuidas a H. antecessor *en Norfolk (U.K.)*

Así las cosas, a pesar de existir numerosos yacimientos con restos de *Homo neanderthalensis* en suelo peninsular, ninguno de ellos da muestras de haberse dado una convivencia entre el *H. neanderthalensis* y el *H. sapiens*, de acuerdo con Mallol et al. (2012) y Santamaría & de la Rasilla (2013). Afortunadamente Cortés et al. (2007 y 2011, contradicho por Wood et al, 2013 y Galván et al., 2014), Jennings et al. (2011), Jordá et al. (2013) y Baena & Carrión (2013) no son de la misma opinión y defienden que al menos en determinados yacimientos asturianos sí se dio tal convivencia entre las dos especies. Para el resto de autores, parece que la Península Ibérica se convirtió en el último reducto de los neandertales, únicamente ocupada por ellos. Para cuando llegaron las primeras poblaciones de *Homo sapiens*, el neandertal se había extinguido de la faz de la Tierra. Me cuesta creerlo. Personalmente considero que convivieron ambas especies y se mezclaron genéticamente. Mis suposiciones se vieron confirmadas empíricamente en recientes trabajos científicos apoyados en análisis genéticos. Pero no adelantemos acontecimientos, ya que en las últimas décadas las ´certezas´ que teníamos de la evolución humana (lo expuesto hasta ahora en este capítulo) pronto se vinieron abajo como castillos de naipes, a raíz de las últimas investigaciones. Veámoslo.

De acuerdo con los últimos hallazgos, según se desprende del registro sedimentario y arqueológico, parece que el ser humano como género (como "Homo") surgió al menos quinientos mil años antes de lo que se creía. Hasta ahora, el *Homo habilis* de Tanzania, eslabón primero y más bajo en la sucesión de especies y "formas" que se darán hasta llegar a nosotros, el *Homo sapiens sapiens*, databa de 1,8 millones de años. Sin embargo, recientemente se ha dado a conocer el hallazgo de una mandíbula humanoide procedente de Etiopía, con una antigüedad de 2,3 millones de años, que ha llevado a la comunidad científica a suponer la existencia de un eslabón anterior al *H. habilis*, retrasando el origen del género al menos en medio millón de años. De acuerdo con el jefe del equipo de investigadores que ha realizado la publicación científica, Fred Spoor (del *Max Planck Institute for Evolutionary Anthropology*), la nueva mandíbula muestra rasgos más evolucionados que la del *Homo habilis*, cuya arcaica mandíbula (que recuerda al primitivo *Australopithecus afarensis*) contrasta con su rostro, más evolucionado, propio del género *Homo*.

Actualmente, podemos afirmar que la mejor forma de comprobar la existencia de distintas especies de homínidos es mediante el ADN. El problema es que no siempre se encuentra bien conservado en los restos que han pervivido hasta nosotros. A este respecto, el ADN humano más antiguo hallado procede de un fémur excavado en la Sima de los Huesos de Atapuerca (Burgos, España), datado en el 400.000 antes de nuestra era. Al analizarlo y compararlo con otras muestras, la sorpresa fue mayúscula, al ver que estaba emparentado genéticamente con los neandertales (*Homo neanderthalensis*), aunque de todos los géneros, con los que guardaba mayor similitud era con los hallados en Denisova (Siberia, Rusia) en 2010, según explicó Matthias Meyer (también del Max Planck Institute for Evolutionary Anthropology).

Esta revolucionaria evidencia ha hecho no sólo replantearse el árbol evolutivo del ser humano, sino que algunos científicos comienzan a plantearse que, tal vez, algunos restos considerados de distintas especies sean de la misma, y que muchas diferencias establecidas sean más propias de los distintos sexos (dimorfismo sexual) o tamaños, que de especies. Así, el registro fósil ha evidenciado que en Europa existió un periodo de tiempo donde, en opinión de muchos científicos, convivieron hasta tres distintas especies de seres humanos, los *neandertales*, los *sapiens* y los *de Denisova*. Sin embargo, a tenor de estos sorprendentes hallazgos genéticos, ya son varios los que comienzan a cuestionarse si realmente hubo tanta variedad de especies, o bien eran diferencias locales de una misma. Por otro lado, los restos más antiguos de *Homo ergaster* encontrados en suelo europeo corresponden a los restos hallados en Dmanisi (Georgia) Basándose en las características anatómicas observadas en el llamado ´cráneo 5´, desenterrado en 2005 y datado entre 1.85 y 1.77 millones de años, el equipo científico encabezado por el antropólogo del Museo Nacional Georgiano de Tbilisi, David Lordkipanidze, publicaba en la revista *Science* del 18 de octubre de 2013 sus dudas, planteando la posibilidad de que *Homo erectus*, *Homo habilis* y *Homo rudolfensis* fueran en verdad una única especie y no tres (figura 21).

No engaño si afirmo que actualmente existe una gran confusión al respecto, en lo relativo a las distintas formas y especies encontradas en el continente europeo.

Por si todo esto no fuera poco, en enero del año 2015, Ewen Callaway y Rose Miller provocaban una nueva conmoción científica desde una cueva de Israel (Manot Cave) al ofrecer, por primera vez en el registro fósil, evidencias claras de la convivencia interespecífica entre el *Homo sapiens* arcaico y el *Homo neanderthalensis*, al encontrarse restos de ambas especies yaciendo en el mismo estrato de la misma edad (55.000 años) y en la misma cueva.

Como era de suponer, no se ha hecho esperar la reapertura del ya recurrente debate ¿Qué pasó entre ambas especies? ¿Convivieron, se mezclaron genéticamente o una aniquiló a la otra?

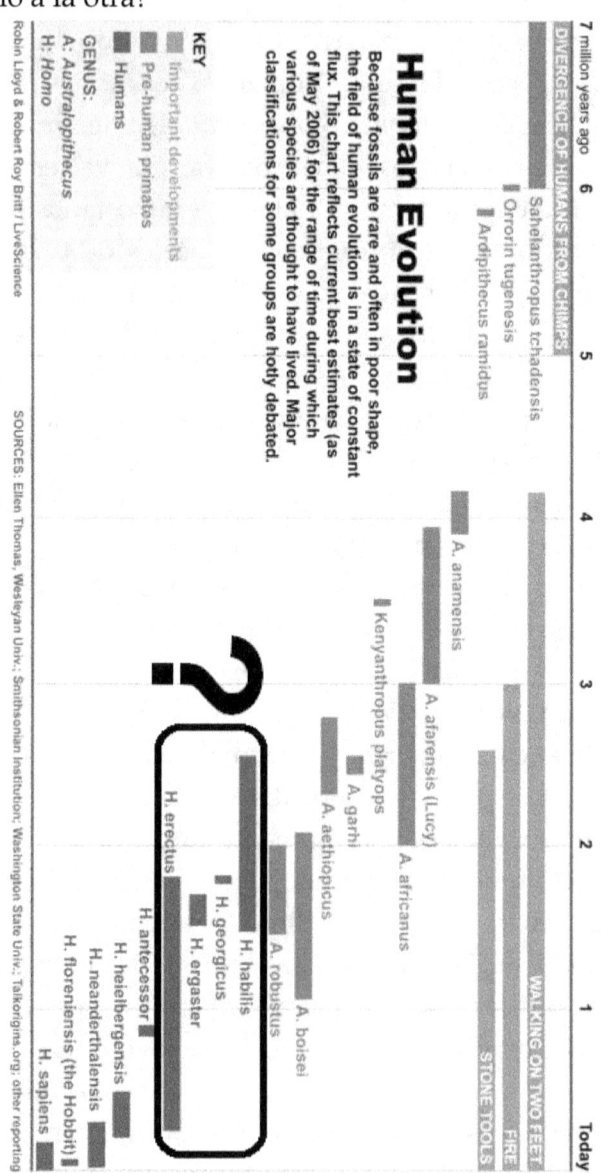

Figura 21.- ¿Son H.habilis, H.ergaster, H.erectus *y los restos de Georgia, ejemplares de una misma especie de homínido en lugar de cuatro especies diferentes?*

Si unimos ambas dudas, que consideran que *H. sapiens* arcaico (mezclado genéticamente con *H. neanderthalensis*) es posiblemente similar al homínido de Georgia y, por otro lado, que *Homo erectus*, *Homo habilis* y *Homo rudolfensis* son una única especie, encontramos que a partir del *Homo antecessor* no se sabe si los restos hallados pertenecen a una única especie de homínido con diferentes malformaciones y variaciones sexuales o adaptativas al medio, o si por el contrario se sucedieron distintas especies.

De esta manera se ha terminado de rizar el rizo a los debates, ya que vemos que no sólo se revisa el árbol genealógico del ser humano, sino que se plantea si también se mezcló genéticamente con los neandertales, hasta no hace mucho considerados los primos tontos de la familia de los seres humanos. También esta cuestión ha tenido que modificarse en los últimos años, al datarse determinadas pinturas rupestres. La Península Ibérica ha aportado su granito de arena a esta cuestión, al encontrarse que las pinturas rupestres europeas más antiguas, las de Nerja (Málaga) han arrojado una luz del 41.000 antes de nuestra era (figura 22). Lo complicado del asunto es que para ese tiempo no existía el *Homo sapiens* sino su supuesto primo tonto, que genéticamente ha resultado ser su hermano artista, pues no sólo estas manifestaciones pictóricas únicamente pudieron ser realizadas por ellos sino que además ha pasado algo similar con huesos perforados artificialmente y que han resultado ser primitivos instrumentos musicales.

Por no olvidar que el análisis genético ha mostrado que, tanto los genes pelirrojos como los ojos verdes, han sido aportes de los neandertales a la carga genética de los *sapiens*, que hasta entonces carecían de ellos, de manera que en algún momento y lugar ambas especies tuvieron que cruzarse genéticamente.

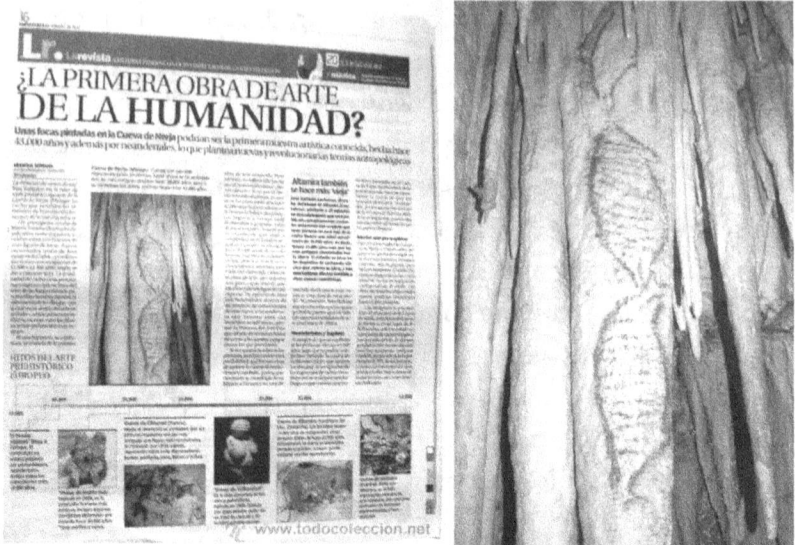

Figura 22.- Periódicos andaluces informan de la relevancia de ciertas pinturas en una estalactita de la cueva de Nerja (Málaga).

Todos estos descubrimientos, como vemos, han llevado a los científicos a dar un amplio manotazo, arrojando de la mesa los antiguos –e inamovibles– tratados de la evolución humana, que han resultado ser manifiestamente falsos, llevando a replantearse todo lo relativo a los distintos *Homo* desde que salieron de África y los intrincados, o tal vez simples, caminos que ha seguido la evolución humana desde que abandonó la llamada ´cuna de la vida´.

¿Creía el lector que todos estos revolucionarios descubrimientos han sido suficientes? Pues no. La travesía y sorpresas continúan, ya que, así las cosas, hubo quién se decidió a analizar las armas líticas encontradas en África, de amplia diversidad, lo que ha conducido a que se plantee la posibilidad de que coexistieran distintas especies de homínidos de diversas procedencias (autóctonos africanos con retornados) y que por eso se encontraron diversas técnicas de elaboración de armas líticas. Así, para algunos investigadores, la salida de África no se produjo en una sola vez, sino que bien pudo haberse dado en distintos momentos, generando diversas oleadas que mezclarían genéticamente diversas especies (Simon A. Partiff et al., 2005).

¿Se dio una gran mezcla genética entre las diversas especies de humanos que se han ido sucediendo en el tiempo, en lugar de vivir aisladamente estas poblaciones, sucediéndose temporalmente como hasta ahora se creía? Para responder a esta cuestión, diversas universidades de distintos países se lanzaron a analizar los ejemplares hallados en el largo camino evolutivo del ser humano, desde hace cerca de 2,5 millones de años. Para sorpresa de todos los investigadores, las conclusiones fueron similares. No parece haberse dado una tendencia hacia individuos cada vez más altos o con más masa cerebral sino que en todo momento ha parecido existir una variabilidad morfológica similar a la que podemos encontrar hoy en cualquier grupo social normal, donde se observan personas de distintas alturas y diferentes anchuras. Esto ha sido así incluso con los restos de *Homo* más antiguos hallados en África, tal y como el equipo multidisciplinar encabezado por Carol V. Ward publicaba en abril del año 2015 en la prestigiosa revista *Journal of Human Evolution.*

Estas observaciones son también extrapolables para los restos de la primera oleada de homínidos que abandonaron África, encontrándose distintos enterramientos por toda Asia y Europa. Tanto en las especies de *Homo ergaster*, como de *Homo habilis* y *H. rudolfensis*, la diversidad en estaturas y corpulencia era algo habitual, lo que contrasta con la idea de una evolución dirigida a determinadas características invariables, que conformarían una nueva especie.

Además de estas evidencias, la Ciencia ha mostrado que la inteligencia no se mide por el tamaño del cerebro sino por el coeficiente de encefalización, que mide la proporción entre el tamaño/peso del cerebro respecto al del cuerpo del individuo. De esa forma, se ha visto que, posiblemente, algunos cetáceos tales como ciertos delfines y las orcas pueden ser más inteligentes que el propio ser humano. Asimismo, son muchos los que consideran a los caballos animales tontos, cuando lo cierto es que su coeficiente de encefalización está próximo al de los humanos y, desde luego, es superior al de los perros domésticos.

Figura 23.- Reconstrucciones del aspecto que debió mostrar un hombre, un niño y una mujer H. neanderthalensis, *tomado de distintos museos de historia natural del mundo.*

Por tanto, gracias al avance científico y tecnológico, se ha tenido que tachar como errónea la recurrente idea de considerar que un incremento de la capacidad craneana, en las distintas especies de seres humanos que se iban sucedien do, mostraba una tendencia creciente a ejemplares cada vez más altos y más ´inteligentes´. Grave error, ya que precisamente ese aumento en el tamaño del cerebro iba sumado a un aumento del tamaño del cuerpo, lo que a la larga se traducía en el mismo coeficiente de encefalización (si el aumento del tamaño del cerebro era proporcional al del cuerpo) o incluso menor (si se incrementaba más el cuerpo que el cerebro). Por tanto, es posible que de un homínido al siguiente se diera un incremento en el tamaño global. Es decir, podría ser un individuo de mayor envergadura corporal que su predecesor pero, en lo relativo a su inteligencia, sería similar, cuando no inferior. Con todo, esa afirmación de considerar que la sucesión de homínidos, desde el más primitivo al más moderno, ha supuesto un aumento en la envergadura de éstos y por tanto, en el tamaño de sus cerebros, los recientes estudios científicos mencionados muestran que nuevamente es una idea falsa, ya que el registro fósil y arqueológico ha mostrado que hace 1,8 millones de años ya había seres humanos que superaban los 1,80 cm de altura y también los había que escasamente pasaban de 1,50 cm.

Por eso mismo, para poder afirmar realmente que los homínidos han ido ganando en encefalización progresivamente con el paso del tiempo, sería necesario que absolutamente todos los individuos de estas especies analizadas presentaran ese aumento del cerebro respecto del tamaño corporal, en todos los ejemplares, fuera cual fuese su estatura, sexo y tamaño, o no podría generalizarse esa observación, ya que no sería específica sino únicamente propia de un grupo aislado concreto. Y, efectivamente, los concienzudos análisis han mostrado que este aumento de la encefalización no puede afirmarse (en parte, por lo escaso del registro fósil).

Así, con datos concretos en la mano, basándome en serias publicaciones científicas recientes, mucho me temo que habría que confesar que, en lo relativo a la evolución humana, seguimos teniendo un galimatías que poco tiene que envidiar al escaso conocimiento que de esta cuestión teníamos hace un siglo. Es cierto que hemos conocido nuevos eslabones y especies, pero estamos muy lejos de conocer la verdadera naturaleza de éstos y las relaciones entre los componentes de esta cadena evolutiva del ser humano.

Sintetizando la cuestión, las evidencias arqueológicas y paleontológicas desenterradas en los dos últimos siglos muestran que no sólo existió una única especie de ´hombre´ (*Homo*) sino que en determinadas etapas de la historia llegaron a coexistir hasta tres o más especies distintas –de las que por maravillas de la genética debemos replantearnos si verdaderamente eran especies, subespecies o simplemente variaciones locales- pero por uno u otro motivo la selección natural hizo su trabajo, de manera que únicamente sobrevivimos nosotros, el *Homo sapiens sapiens*. Tampoco es cierto que la evolución se diera hacia un ser humano cada vez más alto y musculoso, puesto que existieron distintas especies con musculatura desarrollada que alcanzaron la misma altura, si no más, que el *Homo sapiens sapiens*. Dentro de esas mismas poblaciones había a su vez ejemplares más bajos. Por tanto se daba una variación morfológica tan amplia como la que actualmente presenta nuestra especie, si consideramos que absolutamente todos los seres humanos que hoy día existimos, pertenecemos a una única especie.

Así las cosas, no sólo vemos que el origen del ser humano está aún muy lejos de ser conocido. Y aún conocemos en menor medida qué ha ocurrido desde que apareció el primer homínido hasta llegar a nuestros días. Pero es que, además, vemos que la cuestión se complica si tratamos de analizarla desde el punto de vista evolutivo, pues lo que parecían ser claras especies diferenciadas han resultado ser primos-hermanos de sangre, sin poder precisar bien si se trataba de tres especies distintas coexistiendo, o de una sola con amplia variedad de formas ¿Estamos ante las ansiadas formas transicionales que tanto negaron los estudiosos y reprocharon los críticos de las teorías evolucionistas?

Yendo un paso más allá y pasando del campo plenamente científico (empírico y contrastable), adentrémonos en el campo de la filosofía. Ahora tomemos los genes netamente neandertales, como son los ojos verdes, el pelo rojo asociado a pieles claras llenas de pecas, entrecejo óseo (destacado, provocando la ilusión de tener los ojos más hundidos que los *H. sapiens*) y cierta protuberancia ósea en la parte posterior del cráneo, cerca de la nuca. La Ciencia nos dice también que eran de complexión más robusta, como los jugadores de fútbol americano. Así comprobaremos que parece existir una mayor concentración de personas con estas características en las regiones norteñas y de acceso más complicado por su geografía, tales como Soria, parte de Burgos, País Vasco, o Irlanda, cuyas tradiciones más antiguas hablan de que sus ancestros llegaron de Galicia, de la tribu de Breogán ¿Podría esta observación responder a la eterna pregunta de qué ocurrió con los neandertales? La Genética nos ha dicho que se mezclaron, al menos en parte, con los ´enquencles´ *Homo sapiens*; pero si estaban más adaptados a los climas fríos y relieves glaciares, montañosos, ¿Pudieron quedar poblaciones remanentes de neandertales en las áreas geográficas que cumplían estas características geográficas y climáticas? El hecho de que gran parte de los posteriormente pueblos celtas y preceltas fueran rubios y pelirrojos con ojos verdes ¿señalaría que fueron descendientes de estos núcleos poblacionales aislados en los que los neandertales eran mayoría y de ahí que sus genes no sólo se mantuvieran sino que se dispersaran a lo largo de toda Europa?

Por otro lado y regresando a la Península Ibérica, si tomamos datos etnográficos y gastronómicos, encontraremos que en las áreas con mayor predominio de ojos verdes y pelo rojo natural, tradicionalmente la dieta ha sido más carnívora, más proteica. Ahora bien, como se ha dicho, estas áreas suelen responder a parajes fríos y montañosos. Por tanto, la dieta ¿era la típica de los neandertales o bien fue una característica secundaria derivada de la adaptación a esas condiciones climáticas que requería un mayor consumo de grasas y carnes animales que de vegetales?

Un último aspecto a destacar es un dato etnográfico que ha intrigado tradicionalmente a muchos historiadores e investigadores y es la cuestión relativa a la presencia de ciertas ´razas malditas´, como han sido llamadas, en las zonas pirenaicas, prepirenaicas, de la cornisa cantábrica y en otras áreas montañosas de difícil acceso: los vaqueiros, maragatos y demás. Tradicionalmente se les ha atribuido como uno de sus rasgos característicos, ser pelirrojos. En plena edad medieval y con el cristianismo abriéndose paso por las buenas o por las malas entre la infinidad de creencias y supersticiones, se les acabó asociando con los descendientes de aquellos que construyeron la cruz donde Jesucristo murió. ¿Es cierto o bien estamos ante grupos de personas que conservaban en su genoma mayor concentración de genes neandertales que el resto?

«*¡Triste época es la nuestra!*
Es más fácil desintegrar un átomo
que un prejuicio». Albert Einstein

CAPÍTULO 4.- MECANISMOS DE TRANSFORMACIÓN

Una de las cuestiones principales, si no la principal de la evolución, que antes o después acaba quitando el sueño a los evolucionistas, alude a los mecanismos de transformación de unas formas orgánicas en otras ¿Cómo se puede generar una especie a partir de otra ya existente?

Desde el punto de vista de la *Filogenia*, ciencia que estudia las relaciones de parentesco entre los seres vivos, la cuestión parece relativamente fácil, dado que para considerar una especie fósil nueva tan sólo ha de diferir de las existentes en un único carácter que le confiere su peculiaridad, su identidad por así decirlo (figura 24).

En los árboles filogenéticos (representación de las relaciones genéticas) como el de la figura 24, cuando dos o varios animales aparecen agrupados dentro de un mismo grupo, las estrechas relaciones filogenéticas se evidencian. Así, *Tyranosaurus* y *Ornithomimus* posiblemente sean géneros muy cercanos, o dos géneros incluidos dentro de un mismo grupo (Tetanurae), dependiendo de las similitudes y diferencias anatómicas que puedan ser observadas entre ambos con respecto al resto de dinosaurios considerados en el análisis.

Lógicamente, cuantas más características comunes compartan dos especies o dos géneros, más próximos estarán entre sí, genéticamente hablando.

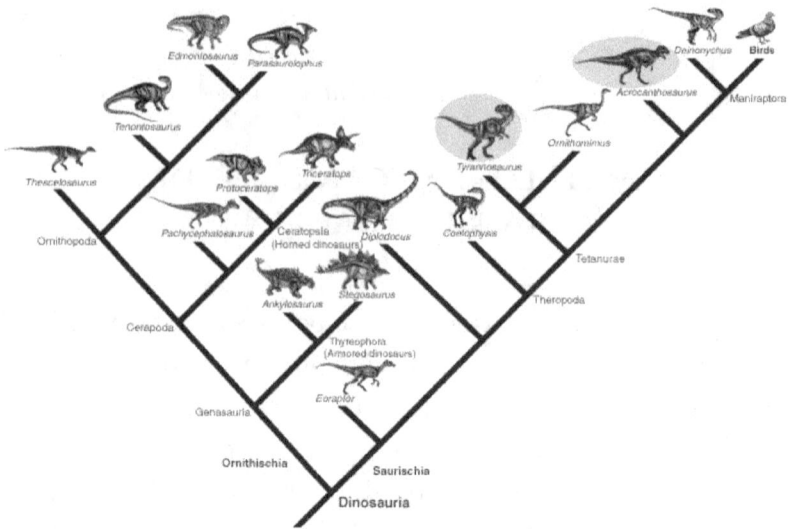

Figura 24- Ejemplo de clasificación filogenética de los dinosaurios (Dinosauria), basado en el análisis y comparación de una matriz conformada por numerosos caracteres presentes en 16 géneros y el grupo externo de las aves.

Si dos animales son casi idénticos, excepto en una única característica, ambos pertenecerán al mismo género, pero serán dos especies distintas. Actualmente todos los seres vivos vienen descritos por dos nombres en latín (nomenclatura lineal, de Linneo, o binomial), escritos siempre en cursiva. El primero de ellos es el género (*Homo*, en nuestro caso) y el segundo, la especie (*sapiens*). Así pues, a raíz de las últimas evidencias genéticas, los neandertales y ´nosotros´ somos primos hermanos, por lo que compartimos género (homínidos) pero son distintas especies, *Homo neanderthalensis* y *Homo sapiens*.

Ahora bien, debemos ser conscientes de las limitaciones existentes cuando, a través de los fósiles de los huesos de los organismos, tratamos de extrapolar la variedad y relaciones de parentesco de los organismos que en su día existieron. Tomemos como ejemplo que, de encontrar los esqueletos fósiles de un pastor alemán y de un bulldog, posiblemente por comparación a simple vista no serían considerados dos especies del género ´perro´, *Can canis*, ya que no sólo varían sus huesos y dimensiones, sino también la estructura del rostro, o las longitudes de sus distintos elementos (por ejemplo las costillas), como muestra la figura 25.

Es por ello que para evitar prejuicios derivados de nuestros ojos, los científicos han recurrido a métodos más objetivos, por así llamarlos, como consignar una serie de caracteres estableciendo matrices numéricas que serán analizadas por potentes ordenadores para medir efectivamente la similitud real de las dimensiones y proporciones esqueletales. Volveré sobre ello más adelante.

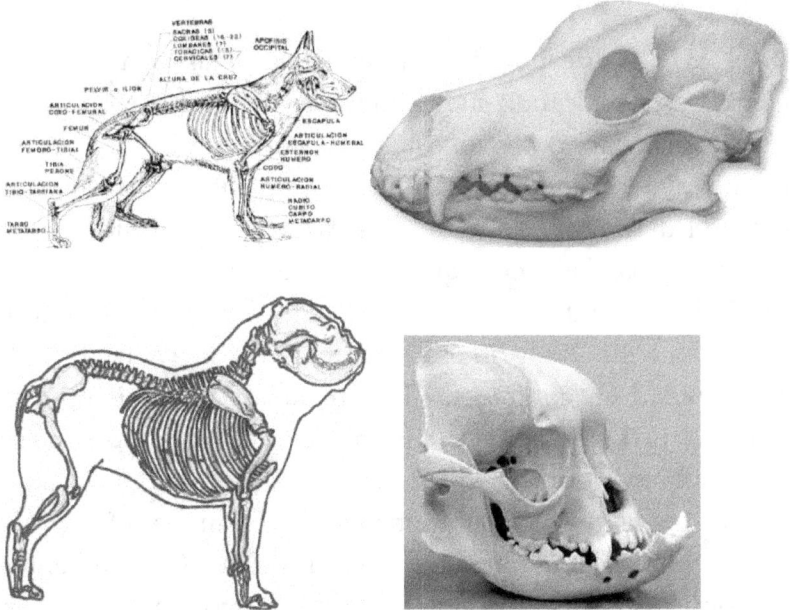

Figura 25.- Comparación anatómica del esqueleto y cráneo de un pastor alemán (arriba) y de un Bulldog inglés (abajo).

Conservando esta pequeña traba en mente, abordemos la cuestión planteada al inicio de este capítulo. Han sido numerosos los filósofos y científicos en general que han observado los fósiles y que, aceptándolos como restos de organismos de otra edad, han notado la diferencia existente entre esas formas y las actuales.

Robert Hooke (1635-1703), convencido de la naturaleza orgánica de los fósiles, los analizó como si de un ser vivo actual se tratara, constatando la existencia de poros, suturas y otras estructuras y considerando la extinción en el pasado de formas que actualmente no existen. De hecho, brevemente trataré de hacer justicia a la labor de Hooke, un científico de la envergadura de Isaac Newton, quien lo eclipsó y con el que rivalizó. Incluso hay quien considera que Newton tomó de R. Hooke la idea de la gravitación universal.

Hooke despuntó en numerosas áreas o disciplinas científicas, destacando su facilidad para fabricar todo tipo de maquinaria (su aportación fue clave para que Boyle pudiera enunciar la ley que lleva su nombre), inventando entre otras cosas el diafragma de iris de las cámaras fotográficas o los microscopios, haciendo que la Microscopía naciera como disciplina científica. Precisamente gracias a esta afición, Hooke fue de los primeros hombres de la Ciencia post-renacentista en contradecir las creencias de su tiempo, al afirmar que los fósiles eran formas de vida del pasado que se habían convertido en piedra. Para ello aportaba como prueba los tejidos vegetales observados en madera fósil, o la presencia de tejido animal, poros, suturas y otros elementos anatómicos presentes en los seres vivos actuales, en equivalentes fósiles bien preservados. De hecho, llegó a consignar por escrito «*Ha habido muchas otras especies de criaturas en eras pretéritas, de las que ya no encontramos ninguna en el presente; y no es improbable que haya otros tipos nuevos y diversos que han estado desde el principio.*»

Hacia la misma fecha, el anatomista francés Nicolaus Steno hacía consideraciones parecidas sobre estos ´caprichos de la naturaleza´, como se consideraba hasta entonces a los fósiles, que le llevarían más tarde a afirmar en la ley que lleva su nombre, *el principio de superposición de estratos*, que los sedimentos estaban dotados de una llave para datar las rocas con precisión, entre otras cosas, por el contenido fósil.

Llegados a este punto, es de justicia hablar del genial biólogo y paleontólogo francés, el barón Georges Cuvier (1769-1832) Basándonos en sus obras debe ser considerado justamente como el padre de la paleontología moderna, tal y como hoy día la conocemos. Cuvier fue el autor que sentó las bases de la anatomía comparada, entre organismos actuales y extintos que poseen estructuras anatómicas similares. A su vez, *el principio de correlación orgánica*, ideado por Cuvier, establece que las distintas estructuras de un organismo están relacionadas entre sí, de forma que mediante la presencia de una estructura especialmente significativa podremos llegar a conocer los órganos o estructuras no preservadas y de esta manera no sólo podremos clasificarlo sino llegar a imaginar cómo fue en vida.

Esta comparación nos ha llevado a poder reconstruir los organismos extintos con una seguridad bastante alta (baste para ello ver las taquilleras películas de la saga *Parque Jurásico* y las infantiles *El Valle Perdido* o *Ice Age*). No obstante, Cuvier fue rápidamente rechazado por la comunidad científica, al ser tachado de *catastrofista*, o partidario de la evolución causada por las extinciones (segundo capítulo). Como suele pasar entre vecinos, uno de sus más fervientes enemigos fue el paleontólogo británico Sir Charles Lyell (1797-1875), quién dejó escritas duras palabras de condena hacia Cuvier por considerar que usaba las extinciones como una excusa banal y poco rigurosa para no prestar atención a las verdaderas acciones ocurridas en el pasado y registradas en los estratos.

Curiosamente, Cuvier fue de los primeros científicos en prestar atención a los sucesivos estratos y basar sus ideas y conclusiones en las observaciones realizadas sobre el registro fósil hallado en los depósitos. En esta línea, propuso hasta ocho diluvios universales con el fin de dar una explicación acorde con las ideas oficiales de su tiempo, que explicara el relevo faunístico evidenciado por los depósitos analizados por él en la Cuenca Terciaria de París. Sin embargo, al igual que los escritos de Charles Darwin han sido ´analizados´ considerando el tiempo en el que vivió y las ideas científicas ´oficiales´ reinantes entonces (el propio Darwin pasó a compartir y defender las erróneas ideas lamarkistas, ante las severas críticas de otros investigadores a su teoría de la selección natural y nadie ha parecido juzgarle por su desconfianza en su propia teoría y el abrazo a otras erróneas), deberíamos tratar de hacer lo mismo con Cuvier. Entonces veríamos que aquello por lo que se le denigró, resultó ser realmente un cartel injustamente impuesto. A su manera tuvo el valor de luchar contra las teorías oficialmente aceptadas del *fijismo* dominante en la época, que consideraban la no evolución en las especies y que los seres vivos siempre habían sido los mismos y con las mismas formas, en el planeta. Así que, sin negar plenamente dicha idea fijista ampliamente aceptada entre los intelectuales de su tiempo, introdujo la alternativa evolucionista de los seres vivos mediante su propuesta de la existencia en el pasado de numerosos episodios catastróficos que extinguían las formas previas y hacían aparecer nuevas, a su vez extinguidas y sustituidas tras un nuevo episodio catastrófico. De hecho, es famosa en el mundo científico la sesión ocurrida el 15 de febrero de 1830, en la que Cuvier se enfrentó dialécticamente a Geofroy Saint-Hilaire, quién defendía el evolucionismo y salió claramente derrotado ante los argumentos esgrimidos por Cuvier, más partidario de teorías de corte lamarckista, al considerar que la complejidad en las formas de vida se produce ´a saltos´ y, por tanto, también la evolución. Similares ideas pueden encontrarse, como digo, en las últimas etapas del propio Charles Darwin (considerado como el autor que propuso el evolucionismo en la mentalidad científica posterior) e incluso en los llamados neodarwinistas, entre los que cabe destacar a Stephen J. Gould.

Como dije, Cuvier centró su investigación en los distintos niveles de la Cuenca Terciaria de París. Al detectar que cada capa parecía tener unos determinados organismos y que éstos parecían desaparecer drásticamente al final de cada una de ellas para aparecer en el siguiente nivel nuevas formas, Cuvier propuso diversas extinciones causadas por catástrofes naturales al final de cada uno de estos paquetes o conjunto de depósitos. De esta manera, aunque se basaba mínimamente en las Escrituras, lo justo para no ser quemado por brujo por el resto de científicos (recordemos que en su tiempo lo políticamente correcto era aceptar a pies juntillas el relato bíblico, como hizo el respetado obispo geólogo británico James Usher, que otorgó a nuestro planeta una edad de seis mil años, precisando su formación en la madrugada del 23 de octubre de 4.004 a.C., basándose en los escritos bíblicos), comenzaba a apostar por una evolución de los seres vivos independiente de un ser superior, dado que en la Biblia únicamente se habla de una creación y un único diluvio, mientras que en los depósitos analizados por él se percibía claramente la acción de varios de ellos.

La verdadera contribución de Georges Cuvier a la paleontología fue reconocer varios periodos de muertes masivas de organismos, asociadas a variaciones en el nivel del mar e intercaladas con periodos de relativa tranquilidad geológica. En consecuencia, abrió la posibilidad de una historia geológica convulsa donde la naturaleza se muestra implacable y caprichosa, exterminando unos seres y respetando otros que, por su parte, parecen ir evolucionando en cada nueva etapa al darse progresivamente organismos más complejos.

A lo largo del siglo XIX fueron varios los científicos que, analizando los fósiles contenidos en los distintos estratos, propusieron que las grandes catástrofes eran las causantes de extinciones en masa y detonantes de una nueva oleada de formas vivientes, hasta que el siguiente cataclismo acabara con ellas. Así, el naturalista suizo Johann Jakob Scheuchzer (1672-1733) publicó varias obras en las que, al igual que hizo Cuvier en las suyas, relacionaba el origen de los diversos fósiles con el diluvio universal. Esta idea se conoció como *Teoría del Diluvio*. También Scheuchzer fue el primer científico que sostuvo en 1697 que las rocas que, según diversas tradiciones de distintos lugares, caían del cielo de vez en cuando, podían relacionarse con meteoros, si bien esta idea fue ignorada hasta que casi un siglo más tarde, en 1794, la retomó Ernt Florens Friederich Chladni. En otro capítulo más adelante veremos la importancia que esta idea tendrá para desarrollar una nueva alternativa al origen de la vida en nuestro planeta.

Figura 26.- Retrato de Johann Jakob Scheuchzer junto a distintos fósiles y lámina de árboles fósiles incluida en su obra "Herbarium diluvianum", defendiendo que los fósiles eran vestigios de cuando aconteció el Diluvio Universal, arrasándolo todo.

No obstante, las ideas de Lyell cuajaron bien entre los científicos más conservadores, perdurando a través del tiempo el eterno debate del *transformismo* (Lyell y seguidores) contra el *catastrofismo* (Cuvier y seguidores). Esto es ¿la evolución ocurría placentera y gradualmente de unas formas a otras, o de forma brusca se ponía fin a unas formas apareciendo otras nuevas diferentes en algún aspecto?

Así que, sintetizando, tenemos el hecho, observado y sobradamente confirmado por la Geología, de la aparición de nuevas especies en el registro fósil totalmente formadas, sin formas transitorias. En consecuencia, se plantea la cuestión que da nombre a este capítulo ¿Cómo se ha producido la evolución de los seres vivos en nuestro planeta? Frente a los *catastrofistas* representados por Cuvier, se hallan otros autores opuestos a las extinciones. En este último grupo se incluye Jean Baptiste de Lamarck (1744-1829) o el propio Charles Darwin, partidarios de un desarrollo gradual y constante entre los seres vivos y denominados por ello, *transformistas*. Oponiéndose a ambas maneras de pensar –catastrofista y transformista–, hallamos los partidarios del *fijismo*, representados por Sir Charles Lyell (1797-1875), que defendía la ausencia de modificaciones entre los organismos fósiles y los actuales. Para él, los organismos actuales son idénticos a los antiguos, y todo cuánto acontece en la actualidad sucedió en el pasado, creando así el denominado *Uniformitarismo*, resumido en el *Principio del Actualismo* de James Hutton (1726-1797) que sentencia que *"el Presente es la clave del Pasado"*. Fin de la polémica. Si nos parece percibir variaciones, éstas se deben únicamente a la mala preservación de los fósiles, porque realmente son similares a las formas actuales.

Jean Baptiste de Lamarck, Charles Darwin, Alfred Russel Wallace (1823-1913) y otros científicos defendían una evolución de los seres vivos que suponía un constante cambio en las formas vivas. Pero ¿cómo se producía dicho cambio? Es famoso el ejemplo que Lamark propuso para explicar la existencia del largo cuello en las jirafas. Los animales se esforzaban tanto en estirarse para alcanzar las ramas más elevadas de las copas de los árboles, que sus cuellos se fueron alargando a lo largo de generaciones.

El siglo XX trajo una revolución en la medicina con el conocimiento de la Genética. Conforme se fue prosperando en dicha disciplina se fueron viendo fallos en muchas de las teorías aceptadas hasta entonces como válidas, entre ellas las ideas de Lamarck, pues únicamente se transmiten a la descendencia las modificaciones que conllevan una alteración genética. Así, aunque una persona desarrolle a lo largo de su vida la facultad de saltar las escaleras de tres en tres escalones, su hijo no tiene por qué saber hacerlo, ni mucho menos ser mejor en esa actividad que cualquier otro hijo de vecino. Es decir, la genética predispone, pero no decide. Un organismo puede tener en sus genes la posibilidad de hacer una actividad mejor que otro dotado de peor carga genética para ese caso concreto, pero ello no hace que ciertamente sea mejor. Y es ahí donde interviene la teoría del caos, la infinidad de variables que constantemente definen cada una de las acciones de los seres vivos.

Dicho de un modo práctico, el tigre es actualmente uno de los depredadores terrestres más bellos y fascinantes que viven en el planeta. Su diseño, movimientos, rostro, todo en él, resulta simplemente cautivador. Debido a su sigilo y rapidez, los tigres se sitúan en lo más alto de la cadena trófica en las escasas áreas que permanecen aún vírgenes o transformadas en parques naturales protegidos. Por tanto, se podría decir que el éxito de estos animales radica en su gran agilidad y sigilo. Pues bien, se sorprenderá el lector al leer que, recientes ´descubrimientos´ hechos en zoológicos, han podido comprobar la gran capacidad natatoria de estos felinos, precisamente cuando su familiar

Más cercano a nosotros, el gato doméstico, se caracteriza por su conocida fobia al agua ¿Cómo es posible que unos animales tan grandes, dotados de una refinada visión, garras retráctiles, gran agilidad en tierra y emparentados con los gatos, es decir, tan aparentemente poco adaptados al medio acuático, sea tan consumados nadadores?

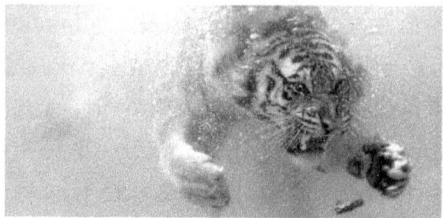

Figura 27.- Un aspecto descocido de los tigres es que son excelentes nadadores (y buceadores).

Imaginemos ahora que hay un periodo de intensos monzones consecutivos y en cuestión de meses toda la India queda inundada. Poco a poco el agua iría cubriendo la tierra y los animales se irían concentrando en las zonas aún emergidas que, a modo de islas, quedarían separadas unas de otras por lagos, cada vez de mayor superficie y profundidad. Finalmente, ciervos, rinocerontes, cabras y posiblemente otros animales adaptados al medio terrestre, perecerían ahogados. Pero los tigres, por su maestría en la natación, conseguirían sobrevivir, al desplazarse hasta zonas menos profundas o incluso emergidas. En este hipotético caso, el tigre habría sobrevivido por su carga genética que le otorga una capacidad natatoria superior a la presentada por una vaca, por ejemplo. Pero nada habría hecho suponer, previamente, que el tigre *hubiera sido seleccionado por la naturaleza* por su facilidad para nadar.

Es en este punto donde encuentro un fallo a la teoría darwiniana, puesto que el británico considera que la evolución es continua y gradual. Para ello se requeriría una ´selección dirigida´. Poniendo un ejemplo, para obtener un tiburón a partir de un gran pez sin los característicos dientes o sensores de movimiento propios del tiburón, deberíamos contar con la permanencia constante de determinados parámetros variables del medio, que a lo largo del tiempo (millones de años, incluso) hiciera que los animales con mayor capacidad para la predación de otros organismos marinos pudieran sobrevivir. En este sentido, el mar debería mantenerse constante, así como su salinidad, composición, nutrientes, cantidad de luz filtrada, presencia de peces, cefalópodos, etc.

Algunos me reprocharán que Darwin no consideraba la evolución dirigida, esgrimiendo aquellas partes de su obra en las que recomendaba reparar en los aparentemente órganos defectuosos en un animal actual y relacionarlos con la forma de vida que lleva, para poder llegar a inferir la evolución (entendida como sucesión de formas que se han venido dando) hasta el individuo que estamos analizando. Sería el caso, por ejemplo, de ciertos seres humanos que nacen con una especie de cola, reminiscencia del pasado simiesco, cuando era usada para trepar a los árboles. Pues bien, considero que el propio Darwin mantenía subconscientemente la idea de evolución dirigida aunque conscientemente pretendiera negarla. De hecho, basta acudir a sus escritos para encontrar cómo trató de corregir el hecho de no hallar "eslabones perdidos" o formas transicionales en vida, que daban al traste con toda su teoría. Entonces se le ocurrió decir que estábamos rodeados de ellas y que bastaba analizar el modo de vida y estructuras de animales como las nutrias, morsas o delfines para deducir la evolución que siguieron los mamíferos terrestres desde los mares hacia la tierra ¿Ve el lector como subconscientemente tenía la idea de evolución dirigida en su mente, desde un primitivo pez que evolucionaría en un anfibio antecesor a todos los reptiles, anfibios y mamíferos terrestres? Dicho de forma más explícita, si es cierta la cada vez más sólida idea de que las aves evolucionaron de los dinosaurios carnívoros bípedos ¿realmente Darwin habría llegado a pensar que un descomunal *Tyranosaurio rex*, con dientes como dagas y dos ridículos bracitos dotados cada uno de dos dedos terminados en mortíferas garras, iba a ser uno de los tatarabuelos de un pavo real o de un gorrión? Lo dudo mucho. Sin embargo, así parecen indicarlo las cada vez más abundantes evidencias paleontológicas y genéticas ¿Se habría sorprendido el científico inglés si se hubiera enterado de que análisis genéticos han corroborado que las ballenas y los camellos (ungulados con un número par de dedos en sus extremidades) están emparentados? Con esto trato de mostrar, no tanto el fallo del citado científico, sino lo complicado que resulta tratar de hacer un análisis objetivo de todos los datos que la Geología nos ofrece, intentando que nuestra mente e ideas preconcebidas no terminen aflorando.

Por otro lado, la evolución de especies y formas no puede ser continua, por la sencilla razón de que las variables del medio cambian y están interrelacionadas, lo cual conlleva que un cambio en una de ellas produzca inevitablemente un cambio en las otras. De acuerdo con el propio Charles Darwin, los organismos se adaptan al medio y, consecuentemente, el cambio en las variables del mismo terminará causando la extinción de un organismo adaptado a las condiciones que existían en dicho medio. Así, Darwin escribió «*No es la más fuerte de las especies la que sobrevive, ni siquiera la más inteligente sino la más adaptable al cambio.*» En otras palabras, paradójicamente las especies mejor adaptadas morirán, mientras que las más adaptadas al cambio (esto es, menos adaptadas a las condiciones existentes en el medio) sobrevivirán. Dichas extinciones serán tanto más drásticas y acusadas, alcanzando a un mayor número de especies y organismos, cuanto más brusco sea el cambio de uno o varios factores condicionantes del medio. Y eso es exactamente lo observado en el registro fósil. De hecho, la idea que se tenía en épocas precedentes, que consideraba a los dinosaurios como animales lentos e inadaptados, se ha hecho trizas en las últimas décadas de gran avance paleontológico, que han sacado a la luz la suficiente cantidad y diversidad de dinosaurios como para considerarlos en la actualidad animales fuertemente especializados, perfectamente adaptados a su entorno e, incluso muchos de ellos, increíblemente inteligentes. Y hay que tener en cuenta que se estima que tan sólo conocemos un 5 % del total de las especies de dinosaurios que realmente han existido.

Por tanto, retornamos nuevamente a la hipótesis del *Equilibrio Puntuado*, formulada por Gould y Eldredge en 1972. Ambos autores eran partidarios del tipo de *especiación alopátrica* (figura 28), la cual requería un temporal aislamiento geográfico para generar una nueva especie. Aunque esta idea se nos antoja bastante probable y lógica, ¿es la única manera de especiación que realmente se puede dar en la naturaleza? Si nos quejábamos de la tendencia que hay en la ciencia de hacer compartimentos estancos –se es creacionista o se es evolucionista, se es partidario del gradualismo o se cree en el catastrofismo, etc– resulta que volvemos a hallarnos nuevamente en la misma encrucijada. ¿Por qué, dada la infinidad de especies que han aparecido y aparecerán sobre la superficie del planeta Tierra, debemos considerar que todas ellas se originaran de la misma forma?

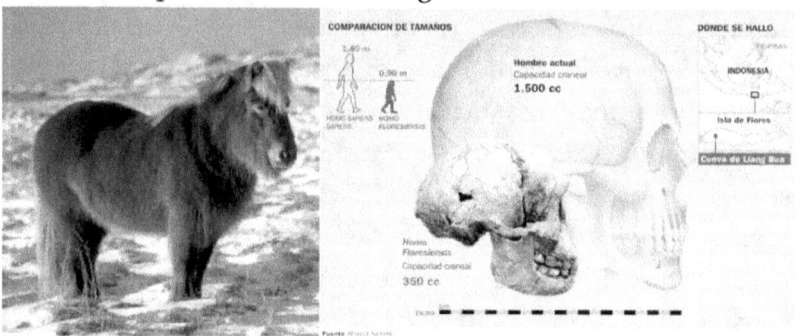

Figura 28.- El pony es un ejemplo de especiación alopátrica ya que se considera que se generó al quedarse aisladas poblaciones de caballos en las islas del Atlántico Norte. Adaptándose al reducido tamaño de las islas, fueron encogiendo su tamaño, de manera similar al Homo floresiensis *u "Hombre de la isla de Flores" (cuyo cráneo y estatura se compara en la imagen con la de un ser humano actual,* Homo sapiens*).*

De igual manera que rechazo la posibilidad de evolución gradual para la aparición de todas las formas orgánicas, niego la necesidad de tener un ´lugar privado´ para un reducido número de individuos que generarán una nueva especie ¿No podría darse una combinación de ambas propuestas, según las circunstancias? Si realmente las condiciones de un medio se mantienen constantes o con variaciones suaves, tal vez un organismo pueda derivar gradualmente en otra forma nueva (Darwin) pero inevitablemente acabará dándose un cambio brusco que suponga una extinción, más o menos acusada, de organismos (Cuvier, Eldredge y Gould), por la sencilla razón de que nuestro planeta es geológicamente activo.

El ejemplo que ilustra y respalda la afirmación anterior es precisamente el ejemplo que Darwin buscó toda su vida y que, por ausencia, le condujo a terminar recurriendo a fallos en el registro fósil. Sin embargo, creo que ejemplos de las formas transicionales, que tanto perseguía Darwin y que se afanó en encontrar durante toda su vida, han estado todo este tiempo delante de nuestros ojos, en museos de todo el mundo. En el siguiente capítulo abordaremos el tema. Trataré de probar que si hemos sido incapaces de verlos ha sido precisamente por un fallo en la manera de proceder de los investigadores a la hora de abordar el registro fósil, fallo que camufla la condición de algunas especies -formas transicionales- entre otras especies más antiguas ('a medio camino' de generar una nueva). Por otro lado, en el capítulo anterior veíamos cómo los análisis genéticos de las distintas especies de homínidos consideradas hasta ahora resultaron estar emparentadas, llevando a cuestionar si realmente son especies similares (todas ellas una misma y única especie), ante lo cual me planteaba si algunas de ellas pudieran ser esas ansiadas formas transicionales ¿Es posible que únicamente puedan detectarse genéticamente pues, como la *Teoría del Equilibrio Puntuado* afirmaba, se acumulen las variaciones, de manera que sólo se expresen morfológicamente como especies cerradas, independientes, una vez se hayan acumulado varias modificaciones respecto a especies ya existentes con anterioridad?

De igual forma, es posible que algunos fósiles que se cree presentan una malformación, tal vez sean realmente formas transitorias hacia otras morfologías que no consideramos en ese momento, porque en nuestra cabeza tenemos preconcebida la idea de que tal forma *tuvo que derivar* hacia otra en concreto, dado que se nos antoja *lo más lógico* en base a nuestras deducciones. He querido destacar en cursiva las palabras que en la frase anterior recalcan el fallo cometido y nos producen una ´ceguera objetiva´, impidiéndonos ser neutrales, porque nuestro cerebro es limitado e incapaz de concebir y analizar la multitud de factores que había en el medio propio de aquel organismo, es decir, el caos mismo. Precisamente lo denominamos ´caos´ por nuestra incapacidad para dar con aquellas leyes que sin duda lo regulan, puesto que ciertamente las matemáticas rigen la realidad, o cuando menos la justifican.

Aún no hemos explicado cómo derivan unas formas en otras, dado que si las acciones en vida no quedan registradas en nuestros genes (por ejemplo, aunque desde el nacimiento hasta el momento del parto, tanto la madre como el padre del bebé se desplazaran a la pata coja, nada de eso aparecería recogido en los genes que transmitieron a su hijo; Lamark se equivocaba) ¿Qué factores condicionan esos cambios? José Luis Sampedro menciona el denominado *Efecto Baldwin*, que sentencia que el aprendizaje –las habilidades aprendidas– se hace instinto a lo largo de la evolución. Pero ¿es cierto? De serlo, supondría que las acciones aprendidas pasarían a los genes y esto es falso.

¿Se encuentra el instinto codificado en los genes? Muy posiblemente. Podrá demostrarse con un ejemplo bastante sencillo. Tenía un perro pastor alemán que fue separado de sus progenitores, como bastantes cachorros, a los pocos meses de nacer. Vivía en el jardín del chalet, aislado de otros perros, salvo en los breves momentos en que al pasear coincidíamos con otros vecinos que también paseaban a sus perros y entonces jugaban, se ladraban y se perseguían unos a otros. En la celebración de su segundo ´cumpleaños´ le di una pelota hecha en piel de buey para que la mordiera, de las que venden en los supermercados. Al poco de dársela, el animal ´desapareció´, para volver al rato con los dedos de sus patas delanteras y el hocico cubiertos de tierra. Había enterrado su preciado juguete. Cuando se lo comenté un mes más tarde a su veterinario, me dijo que algunos perros aún lo hacen por instinto, reminiscencias de cuando eran salvajes y guardaban parte de sus piezas para momentos de menor disponibilidad de alimento ¿Quién enseñó al perro a hacer aquello? ¿Cómo había permanecido ese ´conocimiento´ en su cabeza durante sus dos años de existencia en los que siempre había tenido comida a su disposición, en abundancia?.

Por tanto, de ser cierto el *Efecto Baldwin* ¿Por qué los niños deben ir al colegio a aprender a hablar y escribir cuando todos sus ancestros han estado aprendiendo a leer y escribir en su mismo idioma a lo largo de los siglos?¿Por qué un niño de padres de un país distinto cada uno, por sí sólo no sabe hablar ni escribir en los idiomas que sus padres y ancestros de éstos han hablado durante siglos? Son sólo dos ejemplos de los innumerables que podrían hacerse.

Es más, de ser cierto el *Efecto Baldwin*, Lamarck no habría visto rechazadas sus ideas, sino refutadas. Sin embargo, lo cierto es que Lamarck estaba equivocado y Charles Darwin dio en la diana al explicar la evolución por medio de la herencia –los padres transmiten a los descendientes sus caracteres– y la selección natural, que reduce la variabilidad de seres vivos mediante sus limitaciones impuestas, sobreviviendo únicamente los más aptos. Más tarde, sus ideas fueron completadas con los descubrimientos que se iban efectuando y con el desarrollo de la genética. Los *neodarwinistas* o partidarios de *la Teoría Sintética de la Evolución* –científicos como Theodosius Dobzhansky, Ernest Mayr o George G. Simpson– precisaron que la transmisión de los caracteres paternos a los descendientes se hacía a través de los genes y que no sólo eran caracteres paterno-maternos los que pasaban a los sucesores, puesto que con frecuencia los genes se saltaban una generación, siendo traspasada así realmente gran parte de la carga genética de los abuelos.

Figura 29.- Luperca, la loba capitolina amamanta a Rómulo y Remo. Se han dado muchos casos de niños adoptados por lobos y otros animales durante años y, curiosamente, los niños han aprendido a comunicarse con sus 'padres' y 'familiares' adoptivos, como si de uno más de dicha especie se tratase ¿Por qué un ser humano que se críe aislado es incapaz de hablar?

Concretaron que la variabilidad de los seres vivos podía explicarse por las mutaciones –modificaciones en determinados genes- ocurridas al azar, de manera que el factor caos -traducido en forma de impredecibilidad- comenzaba a ganar fuerza.

La *especiación* o formación de especies nuevas a partir de otra previa, por consenso, se debía a un aislamiento genético de ciertas poblaciones. Si el aislamiento genético es consecuencia de un obstáculo geográfico, se trata de *especiación alopátrica* (por ejemplo, una crecida de un río provoca una desviación en el cauce que lleva a separar a un grupo de animales de igual especie). Si no ocurre aislamiento geográfico alguno, se habla de *especiación simpátrica* (por ejemplo, un grupo de búfalos africanos se mezcla con manadas de ciervos y cebras, pero en un determinado momento gran parte de los búfalos emigran a otra zona dejando varios búfalos ´despistados´ entre las cebras y los ciervos).

Poco más tarde surge el *gradualismo filogenético o neodarwinismo*, que defiende que la evolución de las especies es consecuencia de la acumulación de modificaciones genéticas (mutaciones) continuas, ocurridas a lo largo del tiempo de vida de dicha especie (Karl Pearson). Basándose en las ideas de Ernst Haeckel (1834-1919), el neodarwinismo se resumió en el enunciado *"La ontogenia sintetiza la filogenia"*, que viene a decir que a través del desarrollo embrionario (ontogenia), un organismo pasa por todos los estadios evolutivos hasta llegar a la forma actual propia de su especie (filogenia). Esta idea se conoce como *teoría de la recapitulación*.

Sin embargo, como toda teoría que se precie, tiene sus matices y detractores. Por ejemplo, el biólogo alemán Auguste Weismann (1834-1914) realizó cierta vez un experimento que tuvo resonancias demoledoras entre los evolucionistas. El germano cortó el rabo a varios ratones de laboratorio e hizo un estudio de la descendencia de éstos, mostrando que ni un solo ratón de las 22 generaciones siguientes nació con el rabo cortado. De esta manera Weismann concluía que el fenotipo (aspecto externo) era independiente del genotipo (carga genética) y no lo influía.

Esta afirmación daba un golpe mortal a los partidarios del lamarkismo, entre los que se incluía en cierta forma el propio Charles Darwin. Recordemos que Darwin defendía la idea de que los hábitos continuados de un organismo influían en el fenotipo y, posteriormente, en el genotipo. De ser cierta esta suposición, los ratones mutilados de Weismann habrían transmitido a su descendencia la ausencia de cola tras pasar más de media vida sin ella ¿O es que acaso el tiempo en el hábito de ciertas costumbres era clave para influir en los genes?

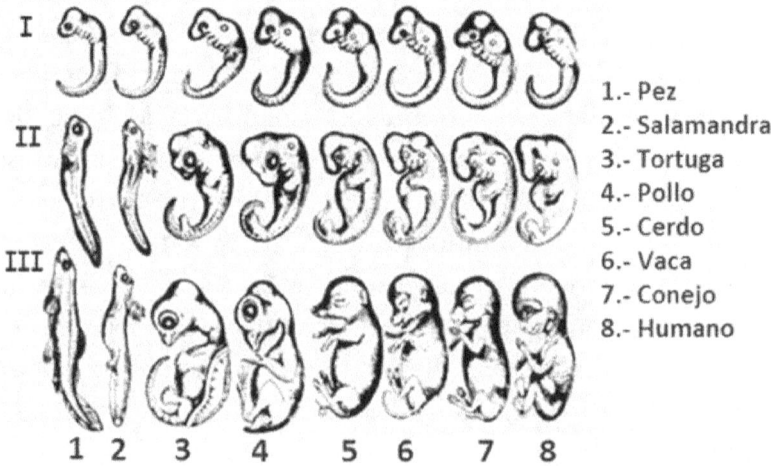

1.- Pez
2.- Salamandra
3.- Tortuga
4.- Pollo
5.- Cerdo
6.- Vaca
7.- Conejo
8.- Humano

Figura 30.- La teoría de la recapitulación asegura que, en el desarrollo embrionario de los seres más complejos y evolucionados, el desarrollo del feto va pasando por todos los estadios de las especies más simples. En la imagen, la teoría aplicada al desarrollo embrionario de un ser humano.

¿Tres generaciones de nadadores olímpicos acabarían transmitiendo a su descendencia una carga genética que favoreciera la movilidad acuática? Lo dudo. Y sin embargo, instintivamente, mi perro enterró su juguete de hueso en una conducta reminiscente de cuando los individuos de su especie eran salvajes. O eso creo. ¿Pudo ser la propia iniciativa de mi perro, por pura glotonería, al igual que un niño que está saciado, se guarda un caramelo, sin ser esa conducta reminiscencia de cuando los hombres de las cavernas salían de caza?

Con estas aparentes contrariedades en mente, el botánico holandés Hugo Marie de Vries (1848-1935), el biólogo inglés William Bateson (1861-1926) y otros genetistas, desarrollaron una teoría que hablaba de dos tipos de variaciones genéticas, una que se daba entre el espectro genético propio de cada especie (estatura, color del pelo, constitución de las extremidades,...) y otra efectuada por mutación genética, que conllevaba la aparición de nuevas especies de forma espontánea y sin transición aparente. De esta forma se podía explicar la repentina aparición de una nueva especie. A los partidarios de estas ideas se les denomina *mutacionistas*.

Por otro lado, aceptando que los cambios (y la aparición de nuevas especies) eran repentinos, surgían meramente dos posiciones enfrentadas. Una era partidaria de cierta predisposición genética a sufrir determinadas mutaciones y la otra, conocida como *teoría neutralista*, defendía que no sólo no hay predisposición, sino que la propia supervivencia o evolución de las poblaciones venía marcada únicamente por el azar.

De nuevo, frente a las ideas *mutacionistas* surgieron otras opuestas, sostenidas por los denominados *biómetras*, con el matemático inglés Karl Pearson (1857-1936) y el zoólogo británico Walter Frank Raphael Weldon (1860-1906) al frente. Para éstos, el azar no jugaba un papel tan imprescindible en la evolución como la acumulación de numerosas, pequeñas y continuas variaciones genéticas, que se dan de manera frecuente dentro de las especies. De esta forma, hablaban de dos tipos de variaciones genéticas. Las cotidianas, que se iban acumulando (las variaciones *métricas* o *cuantitativas*) hasta dar lugar a una nueva especie y las puntuales, que creaban cierta diversidad dentro de la especie (*cualitativas*) respecto a las dimensiones o al pelaje. Por tanto, para la escuela métrica, la evolución se daba de manera gradual y acumulativa, no a saltos (por las mutaciones repentinas).

Gracias fundamentalmente al trabajo del genetista ucraniano Theodosius Dobzhansky (1900-1975), *la Teoría Sintética de la Evolución* explicaba que las pequeñas alteraciones (mutaciones), posteriormente cribadas por la selección natural, explicaban la evolución de las especies, tanto la *macroevolución* como la *especiación*, ocurrida de manera gradual. Es decir, la evolución podía resumirse en tres fenómenos: mutaciones, selección y aislamiento. Pero tal vez lo más novedoso de su trabajo fue cambiar entre los evolucionistas el concepto de supervivencia de individuos por el de cambios en la frecuencia de ciertos genes dentro de una determinada población. Así, dichas variaciones se generan por recombinaciones genéticas, cambios en el número de cromosomas, errores en el replicado de ADN (durante el proceso en el que el orden de las bases que componen el ADN se transcribe en el ARN mensajero, que a su vez es transmitido a las proteínas, que son las que generan la correspondiente cadena genética de cada una de las dos hebras de ADN que se está ´copiando´), aislamiento genético, etc. A ello hay que sumar la heterogeneidad propia de cada población natural, debida a las mutaciones que se han dado espontáneamente en sus individuos, tal como evidenció el ruso Sergei Chetverikov (1880-1959).

Actualmente, el *gradualismo filogenético* (figura 31) está muy extendido entre los paleontólogos, de manera que hoy por hoy es prácticamente la única opción ´políticamente correcta´ para cualquier análisis evolutivo que pretenda realizarse.

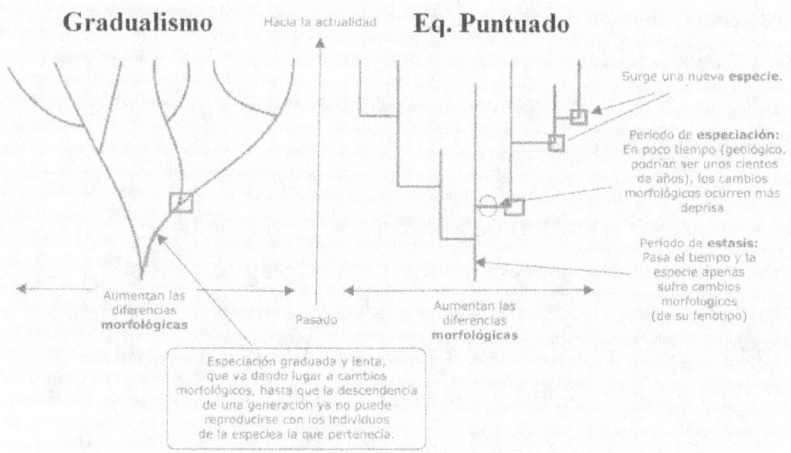

Figura 31.- Diferencia entre la representación de un árbol filogenético según se siga la hipótesis del gradualismo o del equilibrio puntuado.

Sin embargo, aunque el neodarwinismo trata de adaptar por medio de la genética la teoría darwinista, ha heredado los errores o incoherencias del darwinismo, como son:

a) el registro fósil muestra a las especies totalmente configuradas, sin formas intermedias

b) actualmente se conocen continuidades sedimentarias de periodos relativamente extensos de tiempo geológico, donde las especies siguen hallándose con identidad plena, por tanto, no puede recurrirse a la socorrida discontinuidad del registro fósil para explicar la ausencia de formas intermedias

c) la adquisición gradual de ciertas morfologías supondría haber pasado por formas intermedias que al no haberse adaptado al medio, no habrían sobrevivido, terminándose con ellas la vida de esa especie

d) la acumulación de sucesivas mutaciones ocurridas al azar no explicaría la generación de ciertas especies, cuya forma tiende a explicarse por cambios graduales más o menos direccionales, como es el caso del hombre, evolucionado a través de la adquisición de una mayor capacidad cerebral

e) la evolución entendida como el desarrollo de formas cada vez mejor adaptadas a su entorno no se ajusta a las tendencias evolutivas observadas en el registro fósil. Por ejemplo, no se explica porqué los delfines y ballenas continúan presentando pulmones en lugar de agallas, a pesar de llevar una vida acuática desde hace más de dos millones de años, ni porqué los tiburones continúan careciendo de órganos de bombeo de sangre equivalente a un corazón desde que aparecieron en el planeta, hace más de 200 millones de años. O porqué los elefantes, a pesar de desarrollar más del 80 % de su vida en el agua, como los hipopótamos, no han desarrollado membranas o alguna otra adaptación al medio acuático, llevando más de 10 millones de años con igual forma de vida.

f) las modificaciones graduales supondrían la formación de especies en mayor tiempo del observado, ya que, tal y como admite la *teoría del equilibrio puntuado*, en el registro fósil las especies parecen ser estables durante 5 a12 millones de años (periodo de vida de una especie) y 'de pronto' (geológicamente hablando), aparece una nueva especie completamente formada.

Los paleontólogos norteamericanos Niles Eldredge (1943-) y Stephen Jay Gould (1941-2002) consideraban el *equilibrio puntuado* como un modelo *neodarwinista*, donde las formas transicionales se daban, pero la población aislada era tan pequeña que las modificaciones se sucedían rápidamente, de manera que no quedaban fosilizadas más que en las formas finales, cuando se salvaba el obstáculo que imponía el aislamiento de esa población en transformación y se difundía la nueva especie, formada por más nichos y ambientes.

Incluso en el caso de ser cierta esta probabilidad, aún queda sin aclarar porqué de pronto surgen tan rápidamente todas aquellas modificaciones, en lugar de hacerse a un ritmo similar al experimentado por el resto de organismos a lo largo de la historia de la vida en nuestro planeta, y por qué, si realmente fue una transición gradual formada por acumulación de modificaciones, la totalidad de los organismos experimentó todos los cambios sufridos y no quedó ninguno intermedio, hecho que suena muy poco probable.

Además, Stephen Jay Gould retomó el concepto avanzado por el autor de la *teoría de la recapitulación*, Ernst Haeckel, denominado *heterocronía*. Para Ernst era la excepción de la recapitulación, dado que se refiere a todos los cambios de ritmo observados en la ontogenia (o desarrollo embrionario). Pues bien, para Gould la *heterocronía* estaba formada por aquellos casos en los que ontogenia no se desarrolla plenamente, llamados de *pedomorfosis*. Los perros serían un claro ejemplo puesto que, de acuerdo con muchos historiadores biólogos, descienden de lobos que, como déficit, mostraban un retraso en la adquisición de la fase adulta (más agresiva, independiente y competitiva). Cuando más alargaran la fase infantil, más juguetones y dependientes serían. De esta manera el ser humano fue seleccionando a aquellos adultos que evolutivamente se mantenían más años en la fase pre-adulta respecto a los lobos y perros salvajes, sacrificando a los que eran más agresivos en la convivencia entre ambas especies.

También los casos opuestos, es decir el acortamiento de las primeras fases embrionarias, llamados de *adiciones terminales*, constituían parte de la *heterocronía* para Gould. Ambas alteraciones de la ontogenia podrían dar lugar a nuevas especies.

Gould hizo especial hincapié a lo largo de su trabajo en la no direccionalidad o intencionalidad en la evolución. Tan sólo la admitió para lograr una mayor diversidad entre los seres vivos, cubriendo así todos los nichos posibles. Por tanto no buscaba la complejidad. De hecho, llegó a sentenciar que ‹‹*Puede que cantidades considerables de cambios genéticos no estén sujetos a la selección natural y puede que se esparzan aleatoriamente por las poblaciones.*›› Es decir, esa idea que yacía tras la imagen que mostraba la sucesión desde un mono a un hombre, era ficticia y equivocada. La evolución únicamente fomentaba una mayor variabilidad de especies y formas. Dicho con sus propias palabras ‹‹*La variación propone, la selección dispone*››. En su obra *Wonderful life* (1989), lo expresa de forma aún más explícita ‹‹*La vida es un arbusto de abundante ramificación, continuamente podado por el inexorable ángel de la muerte de la extinción, no una predecible escalera de progreso.*››

El zoólogo inglés Richard Dawkins (1941-) recogió el testigo dejado por Gould, añadiendo que, si bien la evolución de las especies a través de la selección natural persigue una mayor diversidad de seres vivos, también es cierto que no puede negarse que esa diversidad se construye sobre seres cada vez más complejos dentro de sus linajes. Dawkins considera que existe «*una tendencia en los linajes a mejorar de forma acumulativa su eficacia adaptativa a su particular forma de vida*», de forma que «*la evolución por adaptación no es progresiva por casualidad (azar), sino que es profunda, recalcitrante e imprescindiblemente progresiva*» (es decir, gradual y dirigida).

Figura 32.- Stephen Gould versus Richard Dawkins, dos maneras distintas de entender la evolución. Para Dawkins los genes son la unidad evolutiva fundamental porque son ellos los que copian los nuevos cambios (mutaciones) surgidas espontáneamente. Para Gould, la evolución ocurre a saltos porque una especie da lugar a otras varias, se ramifica y es la extinción y el Medio Ambiente quien selecciona quién vive o muere, no los genes.

Dawkins rizó el rizo de las teorías evolutivas en su obra *"El gen egoísta"* (1976). Para él, los genes son la unidad de la selección, el quid de la evolución. Cambiaba así la manera de observar toda la historia de la vida, mirándola desde el enfoque de la supervivencia de los genes. Dicho con sus propias palabras «*Toda la vida evoluciona por la supervivencia diferencial de los entes replicadores*». Hasta tal punto, que la adquisición de la reproducción sexual se convirtió para la selección natural en «*El proceso por el que los replicadores se propagan a expensas de otros*». De esta manera, pareciera que para Dawkins los genes en los seres vivos se comportarían como los virus, agentes microscópicos, infecciosos y acelulares, que requieren del ARN de las células de otros organismos para multiplicarse, destruyendo dichas células.

Así, para Dawkins, el resto del individuo que contiene los genes individuales y que viene definido por todo el conjunto de sus genes, no sería más que parte del entorno al que está adaptado cada gen individual.

Frente a las ideas de Dawkins, llamadas *gencentristas*, que muestran a los organismos vivos como meros contenedores transmisores de genes, han surgido científicos que como el físico argentino Mario A. Bunge (1919-), no dudan en afirmar que «*Toda la biología que quiere hacer pasar Dawkins por biología moderna no es tal cosa. La idea del gen egoísta es una idea contra la bioquímica, contra la genética, que nos dice que el ADN no se reproduce por sí mismo, que no se divide por sí mismo, que es dividido por enzimas, que hay que tener en cuenta no sólo el genoma, hay que tener también el propio oma* (sufijo latino que significa "conjunto de..."), *es todo un sistema en el cual se pueden distinguir pero no separar los distintos elementos.*» (Mario Bunge, Universidad de la Punta; conferencia de Pseudociencias Naturales; vídeo: http://www.youtube.com/watch?v=BKiVtLGDg1w&t=57

m26s).

Ciertamente, muchas malformaciones genéticas se deben a una 'lectura errónea' producida durante el replicado de los genes por parte del ARN. Por tanto, deben considerarse los organismos como un todo, con sus complejidades y sus desarrollos evolutivos. Ver toda la historia de la vida en el planeta desde el punto de vista de unos genes individuales, sería, a mi parecer, tan erróneo como querer ver todo un mar desde el punto de vista de una gota individual de agua. Por ello cerraré este capítulo con una enseñanza sufí e hindú que me acude a la cabeza cada vez que cae en mis manos un trabajo de algún gencentrista.

Había una vez un grupo de hombres ciegos en una plaza, cuando escucharon un gran estruendo. Tras preguntar, descubrieron que se trataba de un gran hombre que se acercaba a bordo de su elefante y, de pronto, sintieron la necesidad de saber cómo era ese animal. El aristócrata dio orden a su lacayo de que parara al animal cerca de los ciegos para que pudieran palparlo y así hacerse una idea de cómo era el paquidermo. El ciego que palpaba una de sus patas informó en voz alta a sus compañeros: ‹‹*El elefante es como una columna*››. Pronto otro le corrigió: ‹‹*No* –dijo palpando la oreja del animal- *Es como un saco vacío*››- ‹‹*No*››, exclamó otro que tocaba la trompa: ‹‹*El elefante es como un caño de agua*››. ‹‹*Os equivocáis*›› añadió otro ciego que tocaba el rabo del elefante: ‹‹*Este animal es como una escobilla*››.

Del mismo modo, sentencia el filósofo sufí Rumi (s. XIII) ‹‹*Día y noche manchas de espuma son arrojadas del mar (...) Tú observas la espuma pero no el mar*››.

‹‹*Cuanto más original es un descubrimiento, más obvio parece después.*›› Arthur Koestler.

‹‹*La mayoría de las ideas fundamentales de la ciencia son esencialmente sencillas, y por regla general pueden ser expresadas en un lenguaje comprensible para todos.*›› Albert Einstein.

‹‹*Cuando dos teorías en igualdad de condiciones tienen las mismas consecuencias, la teoría más simple tiene más probabilidades de ser correcta.*››
Guillermo de Ockham

CAPÍTULO 5.- ESLABONES PERDIDOS POR DOQUIER

Abordaba en el capítulo anterior la cuestión principal, transformada en escollo que impide a la *Teoría de la Evolución* ser plenamente aceptada. Si en realidad unas especies derivan de otras a lo largo del tiempo ¿Porqué nunca se ha encontrado el eslabón transicional entre dos especies, esa forma a medio camino entre una especie ya existente y una nueva que se generará?

En mi opinión, el ejemplo de forma transicional que Charles Darwin buscó toda su vida, por cuya ausencia acabó recurriendo a fallos en el registro fósil, e incluso terminó por renegar de su propia teoría, creo que **ha estado todo este tiempo delante de nuestros ojos en los museos de Historia Natural de todo el mundo.** Sencillamente, **creo que** el fallo, o mejor dicho, **el factor que nos** crea la ceguera, que **imposibilita la identificación de esas formas transicionales**

radica básicamente en el método empleado por nosotros, los paleontólogos. Me explico.

Cuando llevamos a cabo un análisis de parentesco, un análisis filogenético entre organismos de un determinado grupo, lo primero que hacemos es determinar las características que deseamos analizar. Con la lista de caracteres que deseamos comprobar en la mano, creamos una cuadrícula (denominada 'matriz de caracteres'). En ella, cada columna vertical corresponde a una especie y cada fila horizontal (puede intercambiarse vertical u horizontal) corresponde a un carácter a testar. Hecho esto, se comprueba carácter por carácter, en el esqueleto de cada especie que deseamos comparar. Generalmente, si el carácter está presente en la forma más arcaica, recibe el valor "0" y si no está, se le otorga el valor "1". Esto es así para los caracteres más simples y directos (por ejemplo, *Presencia de un foramen en la parte anterior de la cresta deltopectoral de la tibia: 0-ausente, 1-presente*). De esta manera, sabremos además que los organismos que presenten la condición '1' en ese carácter concreto han evolucionado respecto a las condiciones primitivas, lo que puede darnos una idea de la tendencia evolucionista en esa familia. Lógicamente, para ellos debemos considerar los caracteres de los ancestros.

Adicionalmente, pueden crearse otros caracteres con varias alternativas (por ejemplo, *contorno del cuerpo de la vértebra cervical vista de frente o por su lado posterior: 0-redondeada, 1-elipsoidal, con el eje alargado dispuesto verticalmente, 2-elipsoidal, con el eje alargado dispuesto horizontalmente*). Y en aquellos casos en los que el carácter en cuestión no pueda confirmarse por estar ese hueso o porción de él ausente, se codifica mediante un signo de interrogación, "?" .

De esta forma, comprobando cada uno de los caracteres que deseamos cotejar en los esqueletos de las especies cuyas relaciones de parentesco deseamos analizar, obtendremos una cuadrícula numérica, a la que se denomina "matriz", que es de la forma mostrada en la figura 33. Nótese que partimos de una premisa (suponer cierto ancestro o ancestros) que en cierta forma ya está dirigiendo el resultado, aunque sea parcialmente.

Coding of the 151 characters from Carrano and Sampson (2008) for *Camarillasaurus* and *Limusaurus*.

```
Camarillasaurus   ????? ????? ????? ????? ????? ????? ????? ????? ?????
????? ????? ????? ????? ????? ?0??? ?????1 0????? ????? ?1111 0117O 0???1
101?? ????? ????? ????? ????? ?????1 ????? ????? ????? ?

Limusaurus        001?1 1??00 00000 01000 00000 000?0 ?0000 ?0?00 ?????
????? ????? ??1NO ??1?O ONN?? ?00?? ?02?1 1???? 0??01 ????? ???0? ?0101
00010 ?1101 01101 11?11 1?100 ?12?1 1?1?? ??1?? 1101? 1
```

[N - inapplicable because refers to teeth]

Figura 32.- Lista de los 151 caracteres considerados en la publicación científica que da a conocer el nuevo dinosaurio carnívoro español, Camarillasaurus cirugedae, *así como el de la especie* Limusaurus. *Tomado de la revista científica* Acta Palaeontologica Polonica, *Número 59 (3), de 2014 (páginas 581-600).*

Por tanto, basándonos en ciertos caracteres elegidos por los investigadores para comparar unos géneros más o menos coetáneos, realizamos una matriz que será la que analicen avanzados programas informáticos (p.ej. PAUP), dándonos una estimación de las relaciones parentales entre los organismos analizados, "traducido" gráficamente mediante cladogramas o árboles filogenéticos como el mostrado en la figura 24, que para el caso anterior se obtuvo el mostrado en la figura 34.

Como se ha visto, **son los propios científicos los que proponen los caracteres estructurales a considerar.**

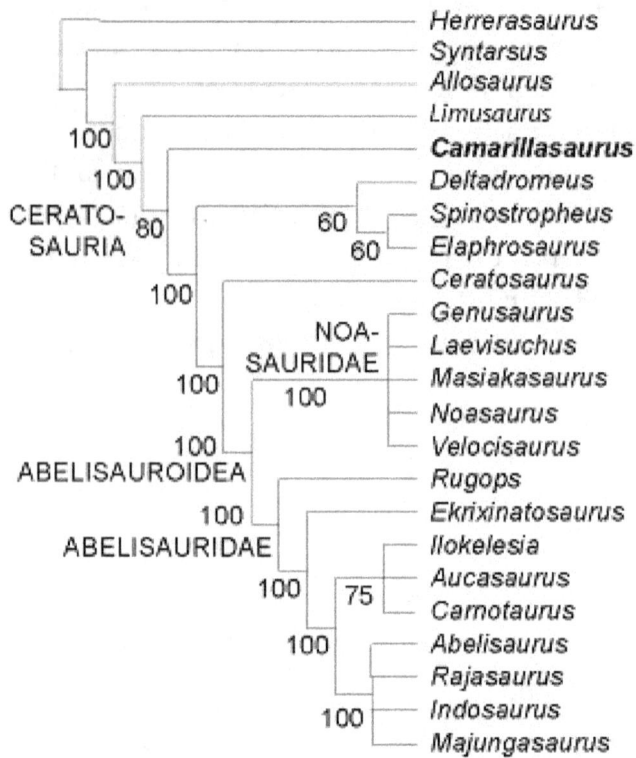

Figura 34.- Cladograma mostrando las relaciones de parentesco entre las distintas especies de dinosaurios carnívoros Ceratosauria, que comprende dos familias, Noasauridae y Abelisauridae.

Por ejemplo, si deseamos analizar las vértebras cervicales, en uno de los caracteres a codificar y que aluda al número de este tipo de vértebras, en su matriz correspondiente podemos otorgar el valor 0 a aquellos animales con tres vértebras, 1 a los que posean entre tres y cinco, y 2 a los que posean más de cinco vértebras cervicales en su esqueleto. Y ahí radica el fallo, a mi parecer ¿Porqué un animal que posea cuatro vértebras debe ser considerado similar al que presenta cinco? ¿Quién nos dice que no es realmente una forma transitoria entre la especie con tres vértebras y la especie con cinco, por ejemplo?

Pues bien, si esta duda nos surge con un solo carácter, reparemos en que por lo general suelen usarse más de 70 caracteres en cada análisis filogenético y que cada uno de estos caracteres puede poseer hasta cuatro posibilidades o "alternativas" (muchos de los análisis filogenéticos de diversos grupos de dinosaurios superan con frecuencia los 200 caracteres). **Es por ello por lo que admito que es muy probable que se trate de formas transitorias y que no se ´puedan´ reconocer como tal, por encontrarse ´diluidas´ entre esta cantidad de datos que tratan de simplificar o agrupar la increíble variedad morfológica de las formas fósiles.**

Pero claro, es un riesgo que se corre al tratar de hacer ´utilizables´ las características observadas en los fósiles. Supongamos que deseamos analizar un conjunto de trilobites (artrópodos fósiles que recuerdan vagamente a las actuales cochinillas, con las que no están relacionados). En sus glabelas (o caparazones), los trilobites solían presentar pequeños relieves en forma de gránulos. ¿Habría que codificar cada uno de ellos individualmente, aumentando la cifra uno a uno, para poder determinar fiablemente su análisis, aún considerando que puedan presentar centenares de microgránulos, posiblemente variables según la especie? ¿Habría que hacer esto mismo para cada pequeña e ínfima variación ornamental, de tamaño de los huesos o del número de elementos de lo que sea que estemos observando? Esto mismo es extrapolable a todos los organismos, incluidos los enormes dinosaurios de una veintena de metros de longitud.

Si hubiera que codificar cada variación centimétrica de sus huesos, cada pequeño relieve uno a uno, podrían transcurrir veinte años para poder analizar un solo esqueleto.

Por otro lado, **las características parten del investigador que las propone, y así, es inevitable que estén dirigidas, en cierto modo.** Volviendo al caso de encontrar aisladamente los esqueletos de pastor alemán y de bulldog de la figura 24, sería inevitable que el investigador resaltara las diferencias marcadas en las colas, en la forma del hocico y las distintas costillas, de manera que de cada una de ellas podrían codificarse hasta tres o cuatro aspectos de cada una de estas zonas del esqueleto, acentuando así inconscientemente unas diferencias, que podrían llevar al científico a considerar ya no sólo específicas, sino incluso genéricas, cuando en verdad ambos esqueletos pertenecen a perros (un mismo género) de dos especies diferentes.

A todo ello **se debe añadir las limitaciones del registro fósil, que nos hace disponer de una pequeña cantidad de individuos conocidos y bien preservados**, para que se pueda efectuar un análisis detallado. Este registro disminuye conforme el organismo fuese de mayor tamaño o careciera de partes duras y fosilizables. Para comprobarlo, invito al lector a darse una vuelta por el museo paleontológico más cercano donde pueda observar fósiles reales y no réplicas. Comprobará cómo frecuentemente están rotos o deformados. De hecho, se pueden contar con los dedos de una mano las especies de dinosaurios de las que se conserva el esqueleto completo de un mismo organismo.

Por lo general, en el registro fósil se encuentran unos pocos elementos del esqueleto (5-20 %), extrapolándose por comparación y suposición el resto del esqueleto de ese individuo (figura 35). Luego, parece olvidarse el alto porcentaje esqueletal que se le supone, de manera que a su vez se usa para ´completar´ el aspecto de otro dinosaurio que suponemos similar.

Esto mismo puede aplicarse a los reptiles voladores, a los cocodrilos contemporáneos a los dinosaurios, y a los reptiles marinos que vivieron cuando ellos. Por cierto que aprovecho la ocasión para corregir un error común, el de considerar a los reptiles voladores, dinosaurios voladores, o a los reptiles marinos, dinosaurios acuáticos. Los dinosaurios son únicamente un tipo de reptiles terrestres (aunque no se descarta que pudieran nadar puntualmente, como el ser humano o el tigre, por ejemplo) y por tanto, no hubo nunca dinosaurios voladores ni dinosaurios marinos. Decir ´dinosaurios voladores´ a los pterosaurios o ´dinosaurios marinos´ a los reptiles tales como los elasmosaurios, por ejemplo, es un error de concepto.

De esta manera, son realmente muy pocos los grandes vertebrados fósiles del Mesozoico de los que se haya encontrado un ejemplar completo. En estos casos, sí debemos darle la razón a Charles Darwin cuando argumentaba que el incompleto registro fósil puede ser una razón para que no se hayan encontrado formas transicionales. Regresando a la figura 35 ¿Qué ocurriría si, por ejemplo, el incompleto espécimen YPM 1850 mostrara las placas de su lomo más cortas que las del individuo USNM 6646 o un fémur más corto? En ese caso, podría tratarse de un eslabón o forma transicional a otro género de estegosaurio y no lo estamos reconociendo como tal. No podemos.

Sin embargo, este problema podría solucionarse si acudimos al registro fósil de especies de menor tamaño, por ejemplo de bivalvos o equinodermos. De hecho, existen millones de ejemplares fosilizados, y en muy buenas condiciones, de estos grupos de invertebrados.

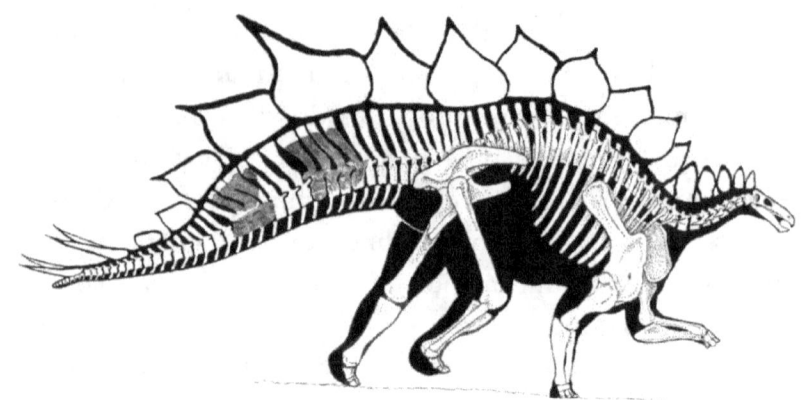

Figura 35.- Publicación científica en la que se dice textualmente: "*Reconstruction of* Stegosaurus armatus, *YPM 1850. Highlighted bones in the tail are some YPM 1850 specimens. The remainder of the body is based upon the National Museum of Natural History specimen USNM 6646*", traducido al español como "*Reconstrucción de* Stegosaurus armatus, YPM 1850. *Se han destacado los huesos de la cola que corresponden al espécimen YPM 1850. El resto del esqueleto está basado en el espécimen USNM 6646 del Museo Nacional de Historia Natural.*" (http://morrisonmuseum.blogspot.com.es/2010_12_01_archive.ht ml)

Y para desgracia de Darwin, también en ellos es imposible señalar una forma tradicional de las numerosas que debieron darse a lo largo de la evolución ¿Por qué? A mi parecer, porque nuevamente los investigadores los analizan de manera similar a la indicada anteriormente.

¿Quién puede asegurar (o no) que una forma transicional fuera una determinada especie con dos crestas menos en el relieve de sus valvas, o con la pérdida de dos milímetros, por ejemplo, en su umbo (como se llama técnicamente a "la bisagra" de los bivalvos). Y **éste es el problema que encuentro, que al ser infinitas las posibilidades de evolución, en cualquier sentido, es técnicamente imposible constatar qué especie es transicio-**

nal para haber derivado en otra concreta. Es más, creo prácticamente imposible poder llegar a decir, dentro de una familia con varias especies más o menos contemporáneas, cuál fue la especie ancestro y cuál la derivada, a no ser que estuviéramos presentes en el surgimiento de la nueva especie o fosilizaran ambas, aisladas de otras, en estratos temporales consecutivos, ya que al poder darse la evolución en cualquier sentido, favoreciendo cualquier aspecto, ¿quién puede asegurar que realmente A derivara de B y no de C, si B y C son prácticamente idénticos?.

En este punto, como vemos, no es la infinita posibilidad de morfologías susceptibles de darse, el único inconveniente al que nos enfrentamos pues los estratos en sí constituyen igualmente un terrible obstáculo. Esto es así porque con frecuencia grandes grosores de sedimentos, por acción principalmente del peso de los materiales que sustentan por encima, terminan comprimiéndose en estratos rocosos de escaso espesor, una vez que las elevadas presiones les han hecho expulsar todo su contenido en líquidos y gases. Por ejemplo, las pizarras y lutitas fueron en su día grandes acumulaciones de lodo, de fango y arena fina.

Así, una familia de seres vivos que se multiplique con gran facilidad dando lugar en un corto espacio de tiempo (geológicamente hablando, claro, por ejemplo de mil años), generaría varias especies y géneros diferentes en ese espacio de tiempo. Para cuando los sedimentos litifiquen y fosilicen (tras pasar un millón de años, aproximadamente) y los encontremos en forma de rocas, posiblemente ocuparán no más de medio metro. De esta manera nos parecerán prácticamente contemporáneas entre sí, complicándose bastante la determinación de qué ejemplares (y morfología) aparecieron antes que otros, pudiendo precisar así los cambios observables externamente.

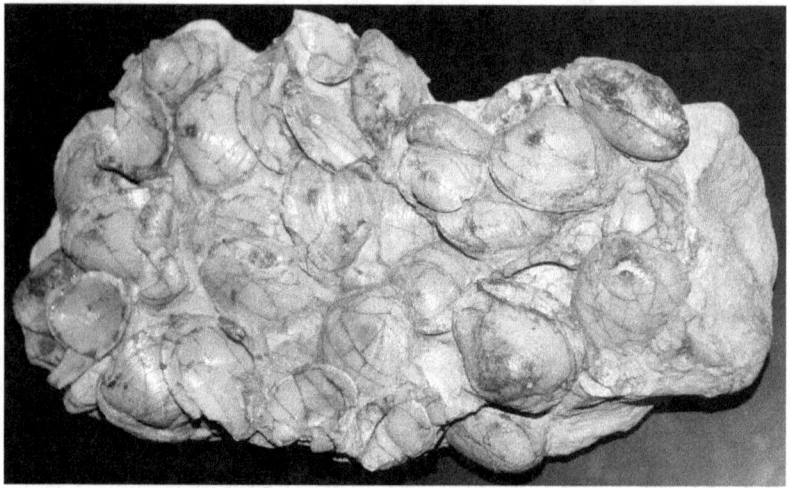

Figura 36.- Acumulación de ejemplares del bivalvo del Cretácico del género **Cyrenopsis**. *Durante el proceso de fosilización se mineralizaron en sílice cristalizando como ópalo. Están opalizadas.*

Eso por no centrarnos en el hecho de lo sumamente complicado que resulta que el esqueleto de un ser vivo fosilice (no digamos ya, si encima carece de él o está formado por tejido blando). Siendo francos debemos admitir que hay miles de formas de vida que posiblemente nunca hayan fosilizado, desapareciendo sin dejar evidencia alguna. De hecho, para que nuestro cuerpo fosilizara debería caer en un lecho de lodo tipo arenas movedizas, o de betún como el Rancho de Brea de Estados Unidos. De otra manera es sumamente improbable que alguno de nuestros elementos óseos llegue a transformarse en piedra.

Por otro lado, en el tercer capítulo veíamos cómo los análisis genéticos de las distintas especies de homínidos consideradas hasta ahora resultaron estar emparentadas, llevando a cuestionarse si en verdad son especies similares, todas ellas una misma y única especie, ante lo cual me planteaba si pudiera formar parte, alguna de ellas, de esas ansiadas formas transicionales ¿Es posible que estas sólo puedan detectarse genéticamente, pues, como la teoría del Equilibrio Puntuado afirmaba, se acumulen las variaciones de manera que sólo se expresen morfológicamente como especies cerradas, independientes, una vez se hayan acumulado varias modificaciones respecto a especies ya existentes con anterioridad?

Además, **surge otra complicación genética, y es que las especies no están aisladas sino que están constantemente mezclándose genéticamente entre sí.** De hecho, ya vimos la sorpresa al encontrar en el genoma humano (del *Homo sapiens*) que los genes para el pelo rojo y los ojos verdes eran exclusivos del *Homo neanderthalensis*. Pues bien, supongamos que el *Homo sapiens* no fuera la única especie de homínido existente hoy día, sino que hubiera otra que se cruzase con él, generando una nueva especie que presentara entre sus rasgos más distintivos, el carácter pelirrojo. Eso llevaría a pensar a los científicos que ese rasgo fue tomado del ancestro *Homo sapiens* cuando en verdad fue un préstamo´ que éste tomó de otra especie ya extinta, el *Homo neanderthalensis* ¿Entiende ahora el lector a qué me refería cuando comentaba mis serias dudas para poder asegurar rotundamente qué especie dio lugar a cuál otra?

De igual forma, es posible que algunos fósiles que se considera que presentan una malformación tal vez tengan realmente morfologías transitorias hacia otras formas, que no consideramos en ese momento porque en nuestra cabeza tenemos preconcebida la idea de que tal forma *tuvo que derivar* hacia otra en concreto, dado que se

nos antoja *lo más lógico* en base a nuestras deducciones. Las palabras en cursiva las uso para enfatizar nuestra posible ´ceguera objetiva´ que impide precisamente detectar esos eslabones buscados porque nos predisponemos a buscar de una forma determinada. Nuestro cerebro es limitado, admitámoslo. Somos incapaces de concebir y analizar la multitud de factores que había en el medio de un determinado organismo cuando se le fomentaron o favorecieron determinadas variaciones morfológicas respecto a sus congéneres. Por otra parte, esta idea podría tener su paralelismo en el denominado "Principio de incertidumbre de Heisenberg".

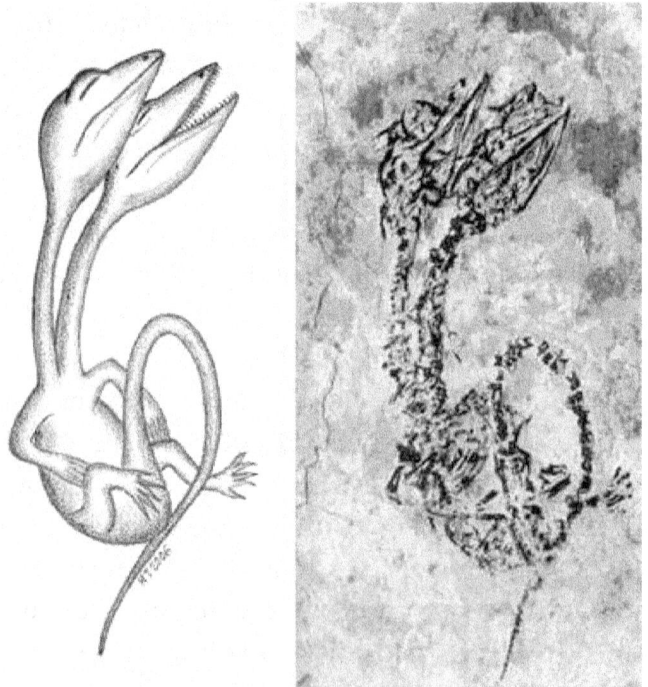

Figura 37.- Fósil considerado con una malformación axial, que le hizo tener dos cuellos y dos cráneos perfectamente desarrollados (y operativos).

Por todo ello, concluyo que creo con vehemencia que nuestros museos están abarrotados de formas transitorias de la evolución, unas fallidas y otras exitosas, pero realmente están ahí, ante nuestros ojos, aunque no seamos capaces de identificarlas como tales, en unos casos por el enmascaramiento consecuencia de los métodos de estudio y en otros casos por prejuicios y suposiciones (incluso inconscientes) por parte de los investigadores. Además, es posible que muchos de estos "eslabones" sólo sean reconocibles como transitorios si se estudian a nivel genético pues no olvidemos que el fenotipo o conjunto de características morfológicas que confieren a un individuo su aspecto, es la expresión del genotipo (o conjunto de genes). Hay genes que constan de un alelo y un dominante o incluso de tres variables para expresarse externamente (fenotipo) de un determinado modo.

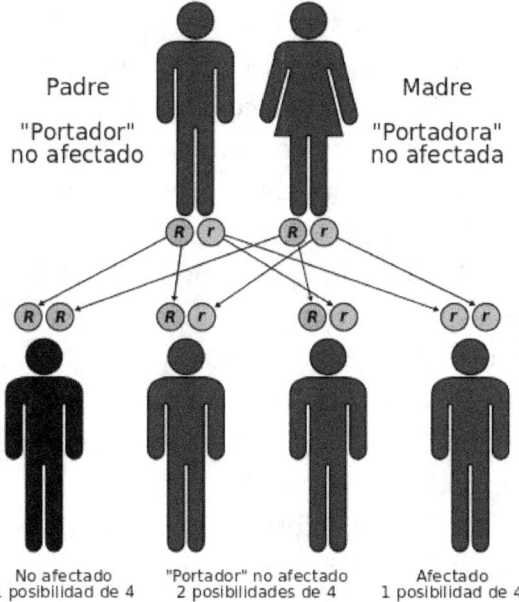

Figura 38.- Esquema ilustrativo.

Supongamos el siguiente caso (figura 38) de una enfermedad que únicamente se manifiesta cuando ambos genes son recesivos, rr. Y supongamos que se cruzan genéticamente un hombre portador pero no infectado (con los genes Rr, portador ya que lleva un gen recesivo r, pero no infectado ya que lleva también un gen dominante R) y una mujer portadora no infectada (Rr). Genéticamente, tienen un 25 % de posibilidades de tener un hijo enfermo (rr), otro 25 % de tener un hijo no portador, totalmente sano (RR) y un 50 % de tener un hijo que aunque no esté infectado, sea portador de la enfermedad (Rr).

Pues bien, he utilizado la palabra "enfermedad" por el miedo que la sociedad le tiene, que hace que andemos más atentos a todo lo relacionado con ella, pero consideremos que en lugar de enfermedad hablamos de cualquier otra característica. Lo que trato de mostrar con este ejemplo es que la mezcla de genes que se ha venido dando desde el comienzo de la vida en nuestro planeta hace que todos nosotros tengamos en nuestra carga genética la "potenciali-dad", por así decirlo, de cientos de posibilidades codificadas mediante genes no dominantes, pero que están ahí sin evidenciarse, hasta que cualquier otra combinación con otros recesivos pueda conllevar que ´se activen´, traduciéndose en el fenotipo (aspecto externo) de una manera concreta, que podría dar lugar a ser considerada una nueva especie.

Visto así, desde el punto de vista genético, la *Teoría del Equilibrio Puntuado* -con su acumulación de pequeñas variables, a modo de un elástico que se va tensando y que aparenta estar en equilibrio aunque realmente sea un equilibrio inestable- afirma que, sin saber bien la razón, la acumulación de una variable más rompe ese frágil equilibrio manifestándose de pronto todas estas aparentes insignificantes variables, en forma de una nueva especie.

´Desde fuera´, esto es, observando únicamente estructuras y morfología, lo único que se ha apreciado es animales con cuerpos diferentes unos de otros, ´cerrados´. Sin embargo, ´desde dentro´, genéticamente, se ha podido ir viendo una mezcla de diversos genes que han ido modificándose levemente, muchos de ellos solapadamente, en forma de alelos recesivos sin expresión externa distinta de la del alelo dominante pero capaz de llegar a expresarse de otra manera diferente, de dar con otra combinación de alelos.

Volviendo al caso anterior de la supuesta enfermedad, si en lugar de ocurrir ésta se diera una nueva faceta que generara una nueva especie de manifestarse la combinación genética RR, los individuos que presentaran Rr serían formas transitorias, a la espera de que por cualquier hecho fortuito se combinaran dos organismos Rr para que de pronto surgiera la nueva especie RR (siempre y cuando tuvieran la suficiente descendencia, ya que habría un 25 % de posibilidades de que surgiera esa nueva especie).

¿No es asombrosa la naturaleza? Así pues, con una leve modificación de nuestro punto de vista podríamos pasar de no ser capaces de dar con una sola de estas formas transitorias (caso de Charles Darwin y de otros muchos cientos de ´evolucionistas´) a vernos rodeados de ellas, tanto en el registro fósil como en la vida actual y cotidiana.

En la figura 39 se muestra cómo para cualquier especie o conjunto de ellas viviendo en conjunto existen un sinfín de variables que determinan que se den esas asociaciones y no otras.

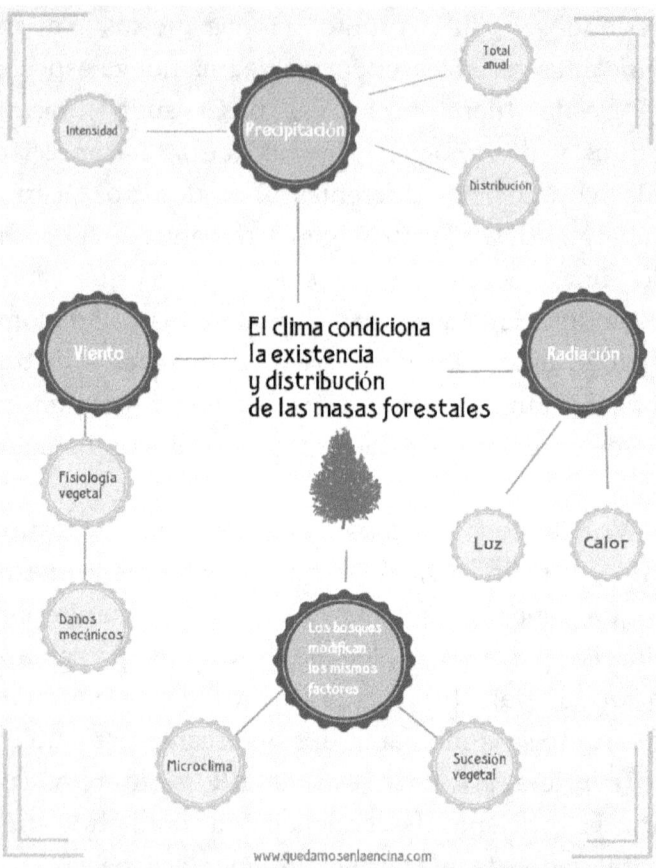

Figura 39.- Esquema mencionando algunas de las muchas variables de las que depende una masa forestal (formada por distintas especies y géneros vegetales) para desarrollarse y expandirse, o bien extinguirse, en condiciones drásticas.

> *«La vida es un arbusto de abundante ramificación,*
> *continuamente podado por el inexorable ángel*
> *de la muerte de la extinción, no una predecible*
> *escalera de progreso».* Stephen Jay Gould

CAPÍTULO 6.- UNA EVOLUCIÓN NO DIRIGIDA

Una idea recurrente en el presente libro, que considero importante tener en cuenta, para evitar daños o prejuicios derivados de ella, es la de admitir que la evolución no está dirigida. Hablaba del diagrama que representa a los homínidos desde un ser simiesco hasta un alto, corpulento y atractivo ser humano actual. Consideremos su equivalente en el ámbito de los caballos.

Esta peligrosa imagen recogida en la figura 40 nos hace interpretar que los antepasados del caballo fueron evolucionando hacia formas cada vez con mayor envergadura, perdiendo los dígitos por el camino. Sin embargo, esta es una verdad a medias.

Consideremos en realidad todo el conjunto, acudiendo al registro sedimentario y observando la sucesión de formas que se han ido generando (figura 40). Si consideramos las características anatómicas de los diversos géneros de équidos que han ido sucediéndose, repararemos no sólo en cambios en la estructura de los dedos de las extremidades -como suele potenciarse en gráficos del tipo mostrado en la figura 40- sino también en la variación de tamaño y en diferencias en la dentadura, entre otros rasgos.

En cada paso de un género a otro, para ser totalmente objetivos con el proceso evolutivo, habría que considerar la amplia variabilidad de modificaciones que se despliegan cual abanico y que serán favorecidas o no por los factores medioambientales.

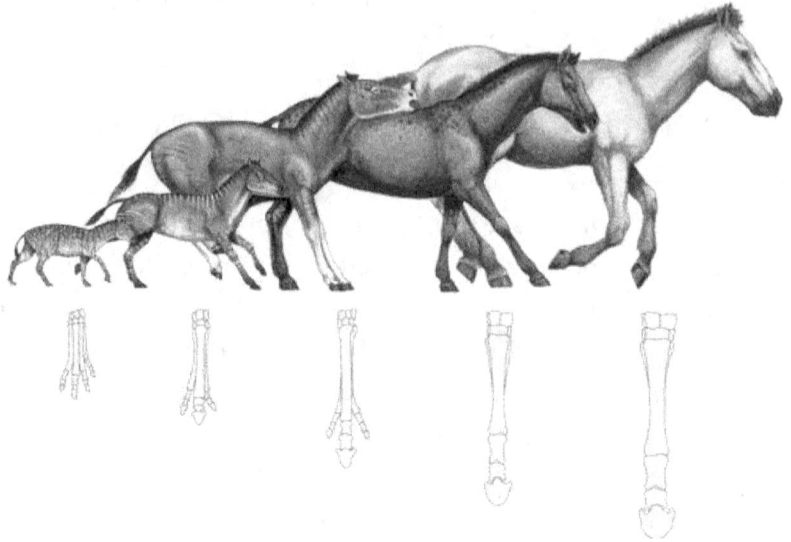

Figura 40.- Evolución de los caballos desde un pequeño cuadrúpedo con cuatro dedos, a un actual caballo con un único dedo en el que se apoya y que ha desarrollado a modo de casco.

Si, por ejemplo, acudimos al primer género que se considera, *Hyracotherium* (o *Eohippus,*a la izquierda de la figura 40) y lo comparamos con los actuales caballos, género *Equus*, observamos que la transformación a lo largo del tiempo ha sido de tal calibre que prácticamente es imposible encontrar rasgos comunes entre ambos géneros. De ahí que se incluyan en una familia, una división más amplia.

En esta cuestión relativa a la evolución de los caballos hemos tenido un testigo de excepción que, sin saberlo, ha contribuido en parte a permitirnos conocer la evolución externa de estos animales, o de alguno de ellos.

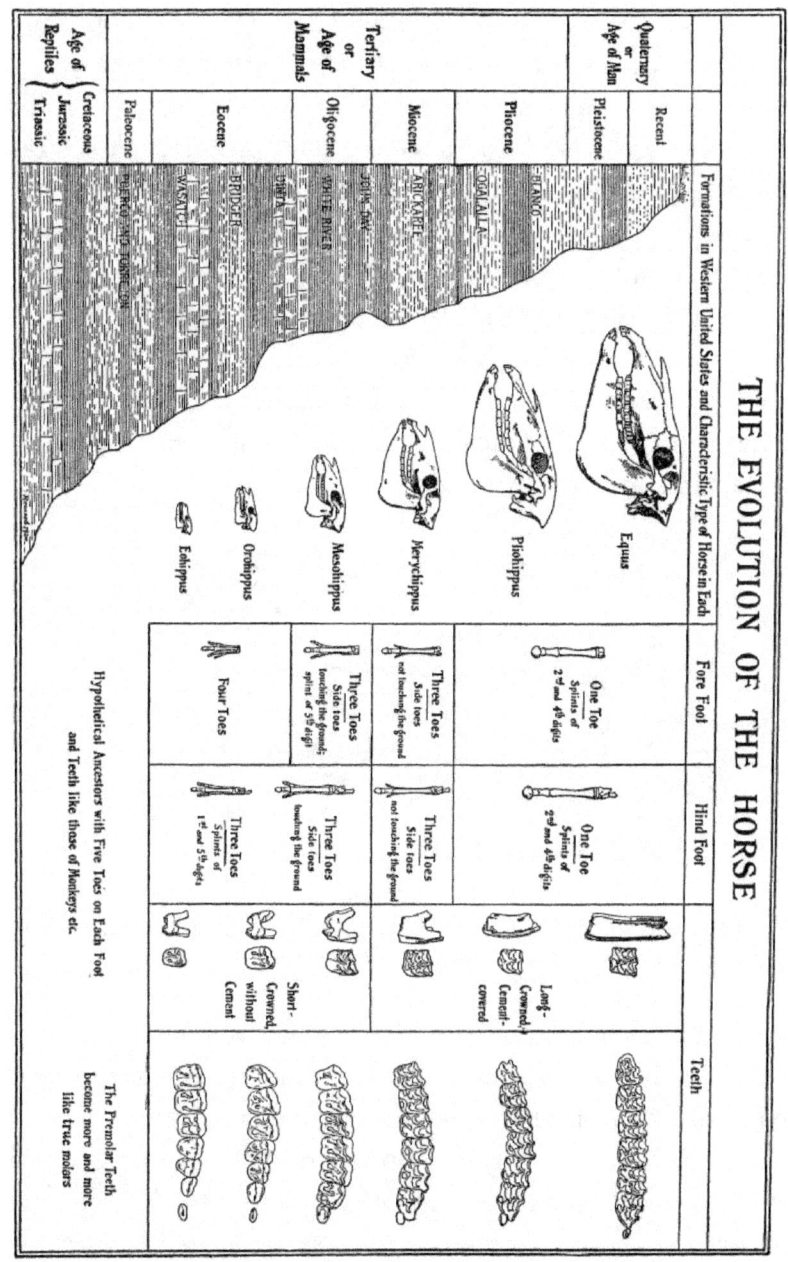

Figura 41.- Evolución de géneros de Équido en el registro sedimentario.

Ese curioso y espontáneo testigo no ha sido otro que el género de los homínidos, el *Homo neanderthalensis* y el *Homo sapiens,* que no dudaron en inmortalizar a estos animales en sus ´instantáneas´, las pinturas rupestres dejadas en diversas cuevas. Gracias a ellas hemos podido conocer que el pelaje y aspecto de los caballos actuales difiere bastante del de sus ancestros.

Por eso, al comparar el primitivo *Hyracotherium* (o *Eohippus*) con los actuales *Equus* veremos que es difícil encontrar unos caracteres que sean similares en ambos géneros (figura 41), desde su cabeza y dentadura (figura 42) hasta su pelaje y extremidades.

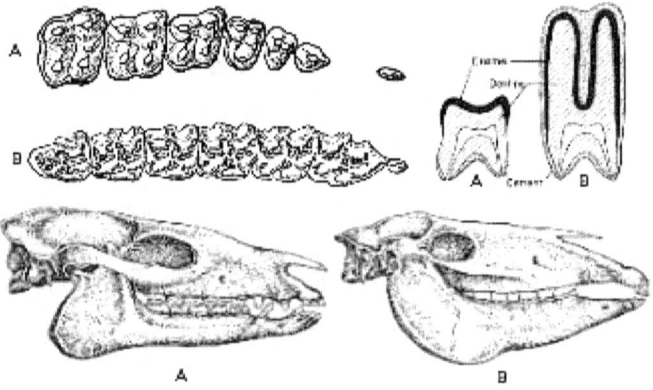

Figura 42.- Comparación entre las dentaduras y estructura craneal de Hyracotherium (A) y Equus (B), basado en Romer (1959).

Tal es así, que son varios los paleontólogos que han decidido alzar sus voces contra este esquema evolutivo muy manipulado. Así, el famoso evolucionista especializado en mamíferos, George Gaylord Simpson (1902-1984), no dudó en afirmar en su obra *"Life of the Past"* (p.119), que la uniforme y continua transformación de *Hyracotherium* en *Equus,* tan mostrada en miles de libros de texto de todo el mundo, sencillamente nunca ocurrió en la naturaleza. De igual parecer es el sedimentólogo y paleobotánico creacionista Harold G. Coffin (1926-2015), que en su obra *"Creation: Accident or Design"* (p.194-195) insiste en que las diferencias entre ambos géneros son tan marcadas como que uno presenta los ojos ´de frente´ mientras que el otro los tiene a los lados del cráneo. Uno carece de diastema (espacio entre los dientes delanteros y posteriores, en la mandíbula) mientras que en el otro está muy marcado. Y uno muestra caninos y el otro no, entre otras diferencias.

Conviene recordar que George G. Simpson observaba que todos los géneros basales de los distintos grupos presentan los caracteres básicos a considerar y, aún así, debemos tener en cuenta que ningún grupo posee su ´evolución´ como una secuencia continua de géneros que se suceden claramente los unos de los otros, cual escalones de una escalera ascendente. Más bien al contrario; entre un escalón y el siguiente hay huecos de información (los perdidos eslabones), apareciendo géneros totalmente ´cerrados´, no en transición de formas. Esto es así para todos los grupos de seres vivos que alguna vez han existido porque, además, cuánto más basales sean unos individuos más características primitivas (basales o troncales) compartirán con otros grupos con los que posiblemente no compartan nada, genéticamente hablando.

De acuerdo con Simpson, estos ´vacíos de información´ son muy finos, pero en otros casos son tan amplios que se corre el riesgo de caer en especulaciones y suposiciones evolutivas, de entre el amplio abanico de formas existentes, que los científicos tratan de relacionar evolutivamente (*"Tempo and Mode in Evolution"*, 1944, p.105).

Para comprender la terrible complejidad a la que se enfrentan los paleontólogos evolucionistas, nada mejor que la sentencia de Michael Denton, aludiendo a la complejidad que existe al considerar la evolución de los caballos. Señala que la diferencia entre *Hyracotherium* y el caballo moderno (*Equus*) es relativamente trivial, considerando que son dos formas separadas por 60 millones de años y al menos diez géneros, así como un gran número de especies.

Comparemos eso con escalas mayores, considerando las incontables miríadas que deben haber existido, relacionadas unas con otras, si tratamos de establecer líneas evolutivas entre los mamíferos terrestres y las ballenas, o entre los moluscos y los artrópodos. El problema, considera Denton (1986), es que todas estas miríadas de formas vivientes se han desvanecido misteriosamente, sin dejar rastro alguno de su existencia en el registro fósil. Como se ha visto en capítulos anteriores, posiblemente estos ´huecos´ o formas desaparecidas sean menores, de revisar nuestros métodos de análisis, que podrían estar ocultando gran parte de ellas.

Regresemos por un momento a la idea que el propio Charles Darwin consideró como actuación de la selección natural sobre las formas vivas, en su famosa obra *"El Origen de las Especies"*: ‹‹*Metafóricamente puede decirse que la selección natural escudriña, cada día y cada hora, por todo el mundo, las más ligeras variaciones; rechaza las que son malas, conserva y acumula todas las que son buenas, y trabaja silenciosa e insensiblemente, cuandoquiera y dondequiera, que se presente la oportunidad, para la mejora de cada ser orgánico (especie) en relación con sus condiciones orgánicas e inorgánicas de vida (entorno en el que habita). No vemos nada de estos cambios que se desarrollan lenta y progresivamente, hasta que la mano del tiempo haya señalado el transcurso de las edades, y aun así es tan imperfecta nuestra visión de las remotas edades geológicas, que solamente vemos que las formas orgánicas son actualmente diferentes de lo que fueron antiguamente.*

Para que en una especie se efectúe alguna modificación grande, una vez formada una variedad, debe quizá después de un largo intervalo de tiempo variar de nuevo o presentar diferencias individuales de idéntica naturaleza favorable que antes, y éstas han de ser conservadas de nuevo, y así progresivamente, paso a paso. Al ver que las diferencias individuales de la misma clase vuelven a presentarse perpetuamente, difícilmente puede considerarse esto como una suposición injustificada. Pero el que sea cierta o no, sólo podemos juzgarlo viendo hasta qué punto la hipótesis concuerda con los fenómenos generales de la naturaleza y los explica. Por otra parte, la creencia ordinaria de que la cuantía de variación posible es una cantidad estrictamente limitada, es igualmente una simple suposición...».

Pues bien, por pretencioso que parezca, considero que Darwin comete un gravísimo error, al considerar que *«para que en una especie se efectúe alguna modificación grande, una vez formada una variedad, debe quizá después de un largo intervalo de tiempo variar de nuevo o presentar diferencias individuales de idéntica naturaleza favorable que antes, y éstas han de ser conservadas de nuevo, y así progresivamente, paso a paso.»*

Darwin yerra tan estrepitosamente en su consideración de la evolución como al considerar al espacio únicamente definido por dos ejes o variables **¿Qué le lleva a suponer que para que una especie siga evolucionando debe sufrir modificaciones de similar naturaleza? En otras palabras,** en este texto Charles **Darwin sí considera la evolución dirigida en el sentido lamarkista.** Para él a un género de jirafa primitiva, únicamente podría sucederle otro con un cuello ligeramente más largo, en lugar de una especie mejor dotada para la carrera o para hábitos nocturnos, agrandando sus ojos, por ejemplo. Tremendo error el de Darwin, pues como vemos en la secuencia considerada para los caballos, posiblemente una forma primitiva más cercana a un carnívoro en lo relativo a su dentadura (colmillos) y posición de los ojos (hacia el frente) que a un herbívoro, se vio sucedida por otra que modificaba ligeramente sus dientes y dieta, en lugar de eliminar un dígito de sus extremidades. Y tal vez en algún momento, uno de los géneros de la evolución del tigre actual desarrolló un extraordinario dominio de la natación. Curiosamente, estas cualidades que consideramos, tan aparentemente ajenas a la evolución del caballo y del tigre, en momentos en que las duras condiciones del medio seleccionaron estas dotes, hicieron que la evolución de estos grupos siguiera su camino hasta terminar en el caballo y tigre actuales.

Y es que, si de algo debemos estar plenamente seguros es del hecho del uso de la evolución de tantísimas variables existentes en cada momento a nuestro alrededor, con cada decisión que tomamos y acto que cometemos. Tantas, que es prácticamente imposible acercarnos a entender lo que realmente sucedió en el tránsito de un género a otro.

De ahí el error de considerar una línea evolutiva tomando un carácter único. Porque seguramente por cada uno que evoluciona (en el sentido de progreso en positivo hacia un fin que hemos marcado), habrá uno o varios que retrocedan. Regresando al caso de los caballos, si tomamos el progreso hacia la consecución de un único dígito en las extremidades, veremos que a cambio se pierden los caninos en ambas mandíbulas, se gana corpulencia y tamaño, o los ojos tienden a situarse hacia los laterales del cráneo.

De esta manera se explican las aparentes contradicciones que encontramos a nuestro alrededor. Por ejemplo en las ballenas, tan perfectamente adaptadas a su medio acuático; sin embargo respiran a través de pulmones, necesitando subir a la superficie donde para su desgracia son aún cazadas por desalmados balleneros. O que un pez, el tiburón, tan bien adaptado al mar que la industria militar copió su morfología y la textura/estructura de su dermis (figura 43), tan efectiva máquina de matar que provoca pavor entre quizá la especie más sanguinaria y despiadada, como es el ser humano, sin embargo, carece de órgano de bombeo de su sangre, el corazón, requiriendo dormir en cuevas con corrientes subterráneas, sin poder dejar de moverse o sus órganos colapsarían al detener la sangre funcionando en su organismo.

Figura 43.- El nadador olímpico norteamericano plurimarquista, Michael Phelps, con un traje de natación basado en la piel de los tiburones, favoreciendo la hidrodinámica o movilidad en el agua (su marca alcanzada fue tal, que se le prohibió usar este tipo de traje de baño en competición, por desigualdad de condiciones). Modelo de submarino "American X-1 Midget Submarine" claramente inspirado en la perfecta morfología de los escualos.

¿Por qué los cánidos, con un olfato tan desarrollado que el ser humano acabó domesticándolo para aprovecharse de sus excelentes dotes para la caza, ve en blanco y negro y con poca profundidad?

Todas estas cuestiones, tomadas por muchos autores como aparentes fallos en la evolución y, por tanto, evidencias de la falta de ésta, quedan explicados perfectamente (e incluso lógicamente) **si en lugar de considerar una evolución dirigida tomamos a cada forma viviente como un ser vivo que despliega una increíble variabilidad de formas y cualidades con el fin de sobrevivir a las condiciones medioambientales que se den a lo largo de su vida, sean cuales sean.**

Páginas atrás ya vimos que el mismísimo Charles Darwin proponía usar esas aparentes disfunciones evolutivas para interpretar los linajes de los millones de animales ubicando sus sucesivas formas desplegadas a lo largo del tiempo. No obstante, insisto en que, a pesar de que su idea teórica no podía ser más lógica, su subconsciente y prejuicios le llevaron a seguir una senda lamarkista.

«La ciencia no es perfecta, con frecuencia se utiliza mal,
no es más que una herramienta,
pero es la mejor herramienta que tenemos,
se corrige a sí misma, esta siempre evolucionando
y se puede aplicar a todo.
Con esta herramienta
conquistamos lo imposible». Carl Sagan

CAPÍTULO 7.- EL ENIGMA DEL ESTEGOSAURIO

Comentábamos que en el registro fósil de los dinosaurios, generalmente se encuentran unos pocos elementos del esqueleto (5-20%), extrapolándose por comparación y suposición el resto del esqueleto de ese individuo. En consecuencia, parece olvidarse el alto porcentaje del esqueleto que se le supone, además de que, a su vez, se usa para ´completar´ el aspecto de otro dinosaurio que suponemos similar. Esta observación puede aplicarse a los reptiles voladores, cocodrilos contemporáneos a los dinosaurios y a los reptiles marinos que convivieron con ellos.

Esta suposición de similitud de huesos ha llevado a cometer errores que considero de bastante peso. Por ejemplo en lo relativo al archiconocido *Stegosaurus*, o dinosaurio con una doble hilera de placas dispuestas a lo largo de su lomo.

El ejemplar más completo hallado, llamado popularmente "Sophie" posee el 85 % de su esqueleto conocido y fue encontrado en 2003 en Red Canyon Ranch (Wyoming, USA) por el paleontólogo Bob Simon, recibiendo el esqueleto tal denominación en honor a la hija del investigador.

El problema es que el hecho de encontrar sus huesos no implica que se encuentren en posición de vida. Si nos fijamos en las reconstrucciones que se tienen como reales para los distintos géneros de estegosaurios encontraremos algo similar a lo mostrado en la figura 44.

Figura 44.- Reconstrucción de **Kentrosaurus** *(Museo de Historia Natural de Berlín, Alemania) y* **Stegosaurus** *(Museo de Historia Natural de Washington, USA) en posición de vida.*

Fijémonos en la postura de sus patas, con las delanteras flexionadas y las posteriores totalmente extendidas y ahora cuestionémonos qué ser vivo actual se desplaza de manera similar y no digamos ya si debe correr. ¿No se rompería su columna vertebral por las tensiones generadas en tan forzada postura? No me vale que digan que si está así es por algo, que los científicos ya se habrán asegurado de que es una postura correcta, pues ha sido necesario que transcurrieran más de cien años para que se reparara en que una postura como la que era habitual mostrar para los saurópodos (los enormes dinosaurios herbívoros de largas colas y cuellos), con su cuello totalmente vertical y su cola descansando en el suelo, era absolutamente inviable, pues el corazón le reventaría, al tener que bombear sangre hasta la cabeza venciendo la fuerza de la gravedad; recordemos que los cuellos podían medir varios metros de longitud y estar totalmente erectos (figura 45); y eso que el registro fósil no para de sorprendernos con dinosaurios de este tipo de dimensiones cada vez mayores. Sería como bombear agua a una tercera o quinta planta con cañerías de no más de diez centímetros de diámetro.

También en los grandes carnívoros hubo que corregir posturas bastante verticales, inclinándolos hacia delante y desplazando así su centro de gravedad hacia las caderas, equilibrando sus grandes cráneos y cuellos con las colas, que mantendrían extendidas próximas a la horizontal; por mencionar sólo un par de ejemplos de los varios que han sido necesarios corregir en no pocos años.

Otros grupos no se han quedado atrás en estas correcciones, al reparar por ejemplo que los cocodrilos poseen dos tipos de maneras de desplazarse. Una en la que alzan todo el cuerpo sobre sus patas flexionadas, separándolo del suelo, y otro en el que lo arrastran, siendo más ágiles en esta última variante. Por ello y porque la naturaleza tiende al ahorro energético, estos grandes reptiles optan por la última modalidad mencionada para carreras o trechos largos.

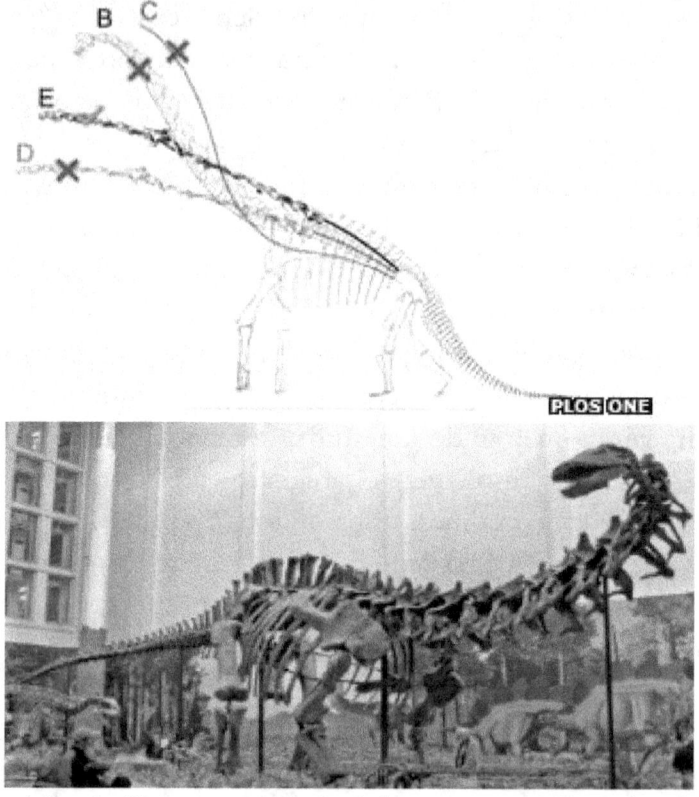

Figura 45.- Análisis computarizado de la correcta posición de la columna vertebral de un dinosaurio saurópodo. A la derecha, museo Carnegie mostrando un esqueleto de saurópodo en la postura que actualmente se considera que adoptaban, con sus cuellos en línea (y equilibrio) con sus colas.

Con esta idea en mente, hubo que rechazar la consideración de que dinosaurios –reptiles con más envergadura y por tanto, peso, que los actuales cocodrilos– anduvieran en la postura de patas flexionadas, separando el cuerpo del suelo, pues, como se puede comprobar, ni los propios cocodrilos son capaces de mantener esta posición en largos trayectos y a alta velocidad.

Con respecto a las aves, en las últimas décadas del siglo XX y desde entonces están comenzando a proliferar los fósiles tan bien preservados de reptiles carnívoros que permiten observar la impronta de plumas. Este detalle ha llevado a considerar que las aves son los últimas supervivientes de los dinosaurios, e incluso hay quién no ha dudado en otorgar plumas a grandes dinosaurios carnívoros (terópodos) como los mismísimos tiranosaurios. Así las cosas, ha vuelto a la palestra la eterna duda y acalorado debate sobre si los dinosaurios tenían o no sangre caliente (las aves sí la tienen).

Algo similar está ocurriendo con los estegosaurios. Como se observa en la imagen 46, las reconstrucciones más actuales (arriba, exposición temporal, Museo de Historia Natural de Londres) han pasado a mostrar estos animales con las cuatro patas ligeramente flexionadas, frente a la postura establecida durante un siglo para el *Stegosaurus* (figura 44, abajo). Con todo, recientemente el Museo de Historia Natural de Londres ha adquirido los restos más completos de un estegosaurio adolescente y la postura al caminar que le atribuyen vuelve a ser con las patas posteriores totalmente extendidas, tal como se muestra en la figura 46 (dibujo inferior), a pesar de que el esqueleto no fue hallado caminando. Es por eso que la reconstrucción del esqueleto en esa forma supone un desplazamiento del centro de gravedad hacia delante, que parece no contrarrestarse con la cola, insuficientemente larga para ello.

Basta una mirada al modelo para apreciar que el animal debía experimentar una tendencia a encogerse hacia el suelo que debía costarle mucho de contrarrestar, especialmente ante un ataque, siendo así estructuralmente vulnerable (hecho que dudo que ocurriera). Ver información en la web del museo http://www.nhm.ac.uk/our-science/science-news/2015/march/weight-of-the-worlds-most-complete-stegosaurus-revealed.html.

Postura aparte, continúo observando incoherencias en las consideraciones que se hacen respecto a este grupo extinto de animales. Estoy de acuerdo con Lyell en su apreciación del *"presente es la clave del pasado"* y, dado que nuestro planeta es un sistema prácticamente cerrado (si ignoramos la materia que llega del cosmos y la que desprendemos a él), todo lo ocurrido en la actualidad debió suceder por fuerza en el pasado. En lo relativo a la fauna, al darse medios sedimentarios y ecosistemas como los actuales, necesariamente los seres vivos debieron adaptarse de manera similar para aprovechar al máximo el medio. Dicho esto, regresemos a los estegosaurios. El hecho de que estos animales, de varias toneladas de peso, poseyeran una cabeza minúscula en proporción con su envergadura y enormes placas piramidales dispuestas a lo largo de su lomo, ha despertado una infinitud de cuestiones que todavía no han sido del todo satisfactoriamente respondidas. Así, se ha escrito que eran animales algo ´estúpidos´, debido a que tenían el cerebro del tamaño de una nuez.

Este tipo de planteamiento llevó además a que biólogos y paleontólogos analizaran minuciosamente el esqueleto de este grupo de animales, aventurando que parecían poseer un segundo ´cerebro´, en el sentido de

Figura 46.- Reconstrucción de un dinosaurio estegosaurio con sus cuatro patas semiflexionadas (arriba, NHM de Londres), frente a la posición tradicional y las estimaciones de la postura del animal, con las delanteras dobladas y las posteriores totalmente extendidas (debajo, Museo de Historia Natural de Londres: http://www.nhm.ac.uk/discover/revealing-stegosaurus-secrets.html).

órgano coordinador del movimiento de los músculos, en respuesta a los estímulos y sensaciones que recibe, que permitiría mover en cierta manera, de forma independiente, la parte posterior de su esqueleto, allí donde presentaban un par de peligrosas púas al final de sus colas, con excepción del género *Stegosaurus*, que poseía en cambio sus placas dorsales extraordinariamente desarrolladas. De esta manera podía ´justificarse´ el minúsculo cerebro que estos dinosaurios presentaban en comparación con el tamaño de sus cuerpos, en el caso de aceptar que presentaban ´dos cerebros´.

Con respecto a la cuestión de sus dos hileras de placas dorsales, el primer dinosaurio de este grupo se encontró en Estados Unidos y creo que los investigadores se dejaron influir por el entorno actual, en el que frecuentemente aparecen restos de este tipo de dinosaurios, en suelo norteamericano, bastante desértico. Por eso se tiende a considerar que este animal, con grandes pero finísimas placas a lo largo de su columna vertebral, usaba estas placas como termorreguladores, ya que al estar surcadas por infinidad de vasos sanguíneos, al dejarlas laxas quedarían expuestas al sol, que calentaría la sangre como si de originales placas solares se tratara. Al erizarlas, la superficie expuesta al sol sería mínima, enfriándose. Otros científicos se aventuraron a atribuir a estas placas una utilidad defensiva pues, como el pez globo, usaría las placas con finalidades disuasorias de cara a potenciales enemigos acechantes. Estas son las ideas que se vienen aceptando todos estos años… y con las que no puedo estar más disconforme. Así, para la primera (termorregulación), se podía apuntar el hecho de la falta de estas estructuras en otros herbívoros, o la poca necesidad de calentar la sangre de animales de varias toneladas de envergadura, que en principio se dedicarían a pacer tranquilamente, como grandes vacas actuales. Por no señalar que durante la noche, al relajarse y quedar sus placas ´abiertas´, la sangre se enfriaría con más celeridad en un animal que ya de por sí poseía sangre fría; y dudo mucho que construyera madrigueras para abrigarse durante la noche, con sus patas desprovistas de garras. Con todo, la teoría de función termorreguladora me parece original, incluso la veo plausible en determinados momentos, pero la función defensiva se me antoja cuando menos bastante absurda.

Figura 47.- Dibujo figurativo del ataque de un carnívoro ceratosaúrido a un estegosaurio que usa sus placas y espinas de la cola como defensa. Natural History Museum of London.

Y es que, para esta interpretación de estructuras defensivas, surgen de entrada dos primeras incoherencias:

a) si las placas están recorridas por numerosos vasos sanguíneos, una mordedura en ellas generaría abundante sangre, lo cual, si no provoca el debilitamiento o incluso desangrado del animal, animaría a su atacante a volver a la carga con mayor insistencia ante la aparición de la sangre

b) debido a su escasa anchura, una mordedura de un dinosaurio carnívoro, dotado de dientes de considerable longitud, podría fácilmente partirlas, generando un sangrado más rápido (e incluso el desarrollo de infecciones que podrían hacer enfermar gravemente al estegosaurio). Al ser tan finas, su utilidad como defensa es, cuando menos, muy dudosa e insatisfactoria.

Está claro que el tamaño del cerebro de estos animales era como el de una nuez, pero de ahí a usar como sistema defensivo unas placas de anchura milimétrica, surcadas por cientos de vasos sanguíneos para hacer frente a un gran carnívoro, se me antoja cuando menos suicida ¿Qué ocurre si al carnívoro, supongamos un *Allosaurus*, con dientes de bordes aserrados y más de 5 cm de longitud, además de afiladas garras en sus manos, se le ocurre dar una dentellada o un arañazo a la placa? La sangre manaría abundantemente. Es tan zafio como tratar de defenderse de un tiburón atándose bolsas rellenas de sangre de atún, por si el tamaño de las bolsas le impone. No. Más bien estas placas debieron tener otro uso y función.

Por otro lado, el tonelaje de estos animales ya sería de por sí una buena defensa o elemento disuasorio. Sin embargo, las espinas que estos animales poseían al final de su cola (algunos géneros también sobre sus caderas) sí podrían resultar elementos de defensa ya que eran afiladas ´puntas´ masivas.

Hay otro aspecto extraño en los estegosaurios y es que presentan un pico córneo en la premaxila y en el preden tario. En otras palabras, ambas mandíbulas terminaban en una especie de gran labio o pico córneo ¿Qué comerían, para justificar tal estructura en su boca? Lo mejor para responder a esta cuestión es echar un vistazo a sus dientes y, para sorpresa de los paleontólogos, se encuentra una morfología dentaria que, lejos de responder a la cuestión de la dieta de los estegosaurios, plantea nuevas dudas (figura 48).

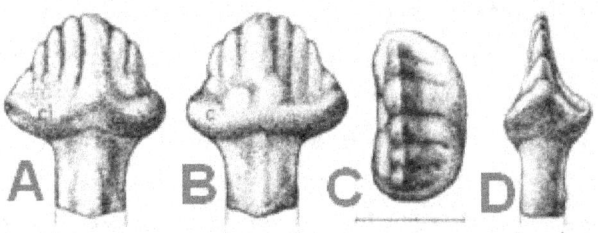

Figura 48.- Diente del estegosaúrido sudafricano **Paranthodon**, dibujado por el paleontólogo Peter Galton en vista labial (A), lingual (B), oclusal (superior, C) y craneal o transversal (D). En A y B se señala la presencia de una carena ("c").

Los dientes de estos animales, unido a la probable presencia en ellos de estructuras similares a los labios de los mamíferos, llevaron a los científicos a considerar que claramente no servían para comer carne, y los vegetales que pudieran masticarse con ellos debían ser también limitados. Como se planteaba que pudieran vivir en medios semiáridos, tal vez estas estructuras servirían para masticar restos vegetales leñosos o con algún tipo de elemento protector (como las espinas de los cactus actuales) que justificarían la necesidad de ´picos´ o labios óseos para no dañarse.

Por otro lado, a pesar de que cada día va incrementándose el número de icnitas o huellas fósiles de animales, aún son escasas y muy dudosas las atribuidas a los estegosaurios ¿A qué puede ser debido? Los científicos lo explican por el medio dónde habitaron estos grandes herbívoros. Al ser medios de escasa disponibilidad de agua, posiblemente desérticos o semiáridos, las pisadas de estos animales no quedaban marcadas en el sustrato, siendo borradas por el viento, agua superficial, o simplemente no quedaron marcadas en el suelo.

A todas estas observaciones deberíamos añadir el hecho de que casi el 80 % de los restos de estos animales, así como el de sus parientes, los Anquilosaurios o animales armados (que asemejaban enormes armadillos actuales), se han hallado en depósitos marinos o fluviales, propios de ambientes con una profunda capa de agua. Este hecho se ha explicado como producto del transporte de sus restos esqueletales por acción de los ríos. Sin embargo, que yo sepa, aún nadie ha documentado el arrastre de esqueletos de vacas, ovejas u otros herbívoros, desde tierra hasta mar abierto mientras se encuentran disfrutando de la travesía en crucero.

¿Podría existir una explicación más o menos lógica para todas estas incoherencias y observaciones del registro fósil de los estegosaurios? Pues sí, de hecho propongo una alternativa algo arriesgada, por aquello de no ser acorde con las ideas y consideraciones paleontológicas actuales en torno a este grupo de animales ´armados´. Esta teoría personal explicaría todas las irregularidades mencionadas. Se apoya en *el actualismo* y es que, si consideramos que en la actualidad existen ambientes muy similares a los ocupados por animales en el pasado, forzosamente sus adaptaciones a estos nichos debieron ser, cuando menos, parecidas si no idénticas.

Con esta idea en mente, existe un animal cuya similitud con los estegosaurios es notoria, salvando las distancias. Son reptiles, como en su día lo fueron los estegosaurios, que presentan su lomo recorrido con crestas triangulares, cuerpos ´panzones´, patas semiextendidas pero que, a diferencia de los estegosaurios, presentan garras en sus dedos.

Estos animales son las iguanas marinas que estudiara el propio Charles Darwin en su viaje que pasó por las islas Galápagos en Ecuador, último bastión de estos animales (figura 49). La iguana marina (científicamente, *Amblyrhynchus cristatus*) presenta, además de una hilera de espinas que recorre longitudinalmente su dorso desde el cráneo hasta la cadera, la cola más alta que ancha, en corte transversal. Ambas observaciones se cumplen también para los estegosaurios, que difieren en las garras de la iguana, pero éstas bien pudieran explicarse en las iguanas marinas como una adaptación a las costas rocosas de la isla, siendo por tanto un carácter derivado, producto de la adaptación a su nicho ecológico. Por eso, si los estegosaurios vivían en medios semimarinos o semifluviales, de costas arenosas, no habrían requerido tales garras. Recordemos que los hipopótamos y elefantes, animales todos ellos de hábitos semiacuáticos, que pasan más del 80 % de su vida en el agua, presentan patas similares a las de los estegosaurios y anquilosaurios.

De ser cierta mi hipótesis, que considera a los estegosaurios con hábitos y modos de vida similares a las actuales iguanas marinas, el hecho de haber encontrado el 80 % de los restos de los tireóforos (como se denomina al grupo que incluye a los estegosaurios y anquilosaurios) en sedimentos acuáticos (ya sean marinos o fluviales) se explicaría por sus hábitos semiacuáticos, donde quedarían enterrados sus restos, tras morir en medios acuáticos.

Figura 49.- Comparación de una Iguana marina con una recreación de Stegosaurus *en el The Royal Ontario Museum (con las patas posteriores totalmente extendidas y las delanteras totalmente flexionadas) y una recreación (Morrison Natural History Museum) insinuando cierto bipedismo.*

Pero aún existe otro aspecto que comparten ambos animales y es que los peculiares dientes de los tireóforos son parecidos a los de estas iguanas, que se alimentan de plantas marinas (figura 50).

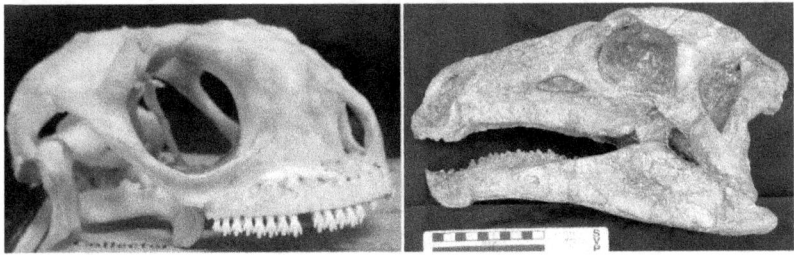

Figura 50- Cráneos de Iguana marina *(izquierda) versus* Gigantspinosaurus, reaceptado en 2006 como género válido *(derecha).*

Las estructuras similares a labios y carrillos observadas en los tireóforos serían igualmente efectivas para masticar algas y otras plantas acuáticas. También la baja cantidad hallada de icnitas (huellas fósiles de sus pisadas) atribuibles a este grupo de dinosaurios con placas, respondería a la presencia de abundante agua en los medios donde habitualmente se moverían estos animales. Si eran medios marinos, las propias olas borrarían sus huellas; si eran medios fluviales, las crecidas de los ríos, la vegetación de la orilla amortiguando la impresión de las huellas, entre otros factores, evitarían la preservación de las huellas para la posteridad.

Ahora bien, existe otro hecho que los paleontólogos aún no han afrontado. El cráneo de los distintos estegosaurios, a pesar de ser del mismo grupo, presenta indistintamente dos, o bien tres, oquedades. Prácticamente ningún científico ha entrado a explicar estas alternativas craneales, a pesar de que se den en las dos familias diferenciadas dentro del infraorden Stegosauria. Es decir, que cada familia incluye géneros con dos oquedades craneales y otros géneros con tres (figura 52; Galton y Upchurch, 2004; Maidment et al. 2008).

De acuerdo con mi interpretación, esta variación se debería al mismo hecho de hallar garras en las iguanas marinas, a un carácter derivado producto de la adaptación a su medio o forma de vida. Y es que las propias iguanas marinas poseen una oquedad adicional en su cráneo, presentando, como algunos estegosaurios, tres oquedades craneales. La función de esta oquedad adicional en la iguana marina es ni más ni menos que la expulsión del excedente de sal marina, ya sea por ingerir plantas marinas o bien por sus inmersiones en el océano, expulsión a modo de estornudo (figura 51).

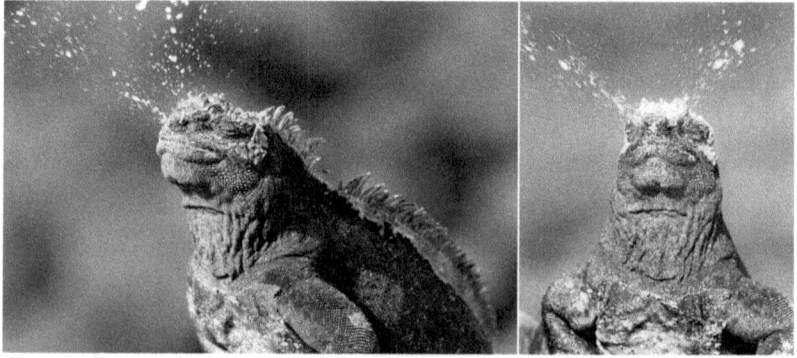

Figura 51.- Iguana marina "estornudando" sal marina. Es frecuente que cristales de la sal cubran el cráneo de estos animales, como se ve en las imágenes compartidas por Aravind Krishnaswamy (2010).

Así pues, los estegosaurios con tres oquedades podrían haber presentado hábitos semimarinos, requiriendo como las iguanas marinas, esta glándula para expulsar la sal adicional de sus cuerpos, evitando así la peligrosa deshidratación de las células de su organismo por ósmosis, que podrían ocasionar la muerte del individuo. Por su parte, aquellos estegosaurios con la ausencia de esa tercera cavidad podrían haber tenido un medio de vida asociado a ambientes fluviales, de agua dulce y por tanto, sin exceso de sal y sin requerimiento de expulsarla de su organismo, por mucha vegetación acuática que comieran y mucha agua que bebieran.

De esta forma, se justificaría cómo animales de una misma familia pueden presentar variaciones en su cráneo relativamente significativas, como es la presencia o ausencia de una cavidad adicional. De acuerdo con mi hipótesis, se podría otorgar al estegosaurio *Huayangosaurus* un hábito de vida marino frente a la vida fluvial que habría llevado el estegosaurio *Kentrosaurus* (figura 52).

Figura 52.- Cráneo de **Huayangosaurus** *(izda) mostrando tres oquedades craneales, frente a las dos presentes en el cráneo de* **Kentrosaurus** *(dcha).*

Es necesario hacer notar que este medio de vida semiacuático no quiere decir que estos grandes animales vivieran como si de ballenas se tratara, pues salta a la vista que sus cuerpos, como los de hipopótamos o elefantes, no los haría muy competitivos en mar abierto. No obstante, como los mamíferos mencionados, sí creo y defiendo que los estegosaurios pasarían gran parte de su vida en el agua y se alimentarían principalmente de vegetales acuáticos -

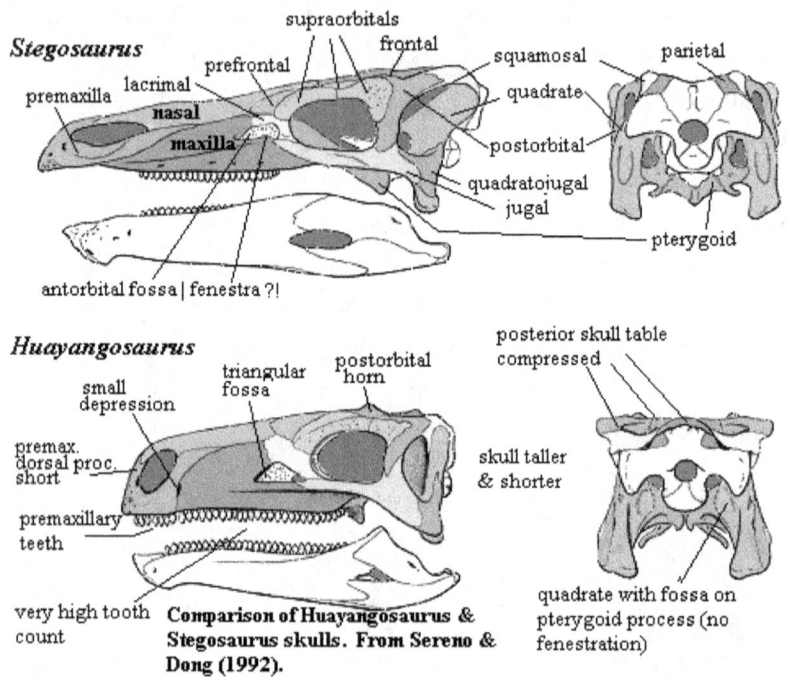

Comparison of Huayangosaurus & Stegosaurus skulls. From Sereno & Dong (1992).

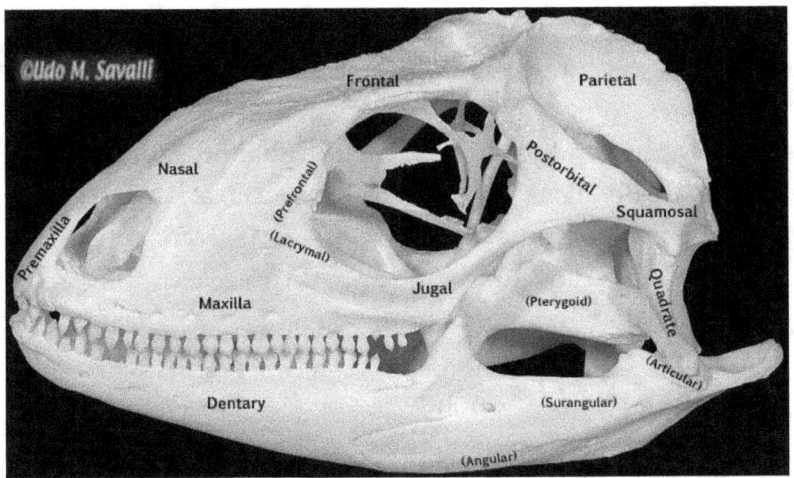

Figura 53.- Comparación de los cráneos de estegosaurios de las dos distintas familias reconocidas, con el de una iguana marina.

Curiosamente, el lomo de las iguanas marinas se encuentra recorrido por placas triangulares que, a menor escala, son similares a la de los estegosaurios, tanto por disposición como por morfología, estando además más desarrolladas en los individuos masculinos. ¿Y qué utilidad tienen en estas iguanas tales estructuras? Pues básicamente, la de actuar como timones. Según la dirección en que incline sus placas, hacia allí se desplazará en el mar (fig.54). Además, la propia cola, que también resulta muy efectiva en sus inmersiones, es similar a la de los estegosaurios, siendo más ancha en el plano vertical que en el horizontal (algo que también ocurre en peces como los tiburones). Por otro lado, como en los estegosaurios, el cerebro de las iguanas marinas es, en comparación con su envergadura corporal, muy pequeño (si bien, no lo es tanto como en estos dinosaurios).

En 2010, Farlow et al. utilizaron los rayos-X para realizar tomografías tanto a las espinas y placas de *Stegosaurus* como de *Alligator* (Caimán), comprobando el gran parecido que había entre ellas, defendiendo así que, como los caimanes, los estegosaurios utilizarían las placas con función defensiva, termorreguladora, como fuente de calcio para crear los huevos y para que las crías pudieran ser protegidas de predadores, por la madre. Lástima que no compararan además las placas de la iguana marina.

Como vemos, aunque sea aventurado considerar a los tireóforos como las (enormes) iguanas acuáticas del pasado, respondería a bastantes incongruencias observadas en el registro fósil de estos dinosaurios, que aún carecen de respuestas razonables y coherentes, no meros caprichos al azar. También mostrarían una adaptación extraordinaria de esta familia de extintos dinosaurios a las peculiaridades del medio en el que viven (agua dulce o salada, algas como alimento, etc).

Figura 54.- Iguana marina nadando entre los fondos rocosos de las Islas Galápagos, en Ecuador. Imágenes compartidas por Keih Kennedy y Tui de Roy (Arkive.org)

Por otro lado, sería un avance considerar que parte de estos grandes gigantes prehistóricos pudieron habitar nichos ecológicos marinos o fluviales, puesto que, a pesar de reconocerse que los dinosaurios se adaptaron magistralmente a su entorno, son pocos los trabajos que consideran esta opción en medios acuáticos.

Los estudios desarrollados en este sentido han interpretado, con suma precaución, posibles marcas fósiles de estos animales como nadadores, más bien por necesidad puntual (por ejemplo para vadear un río, tipo los ñúes africanos) que porque realmente pudieran desarrollar hábitos semiacuáticos (figuras 55 y 56).

Figura 55.- Icnitas (huellas fósiles) de garras alargadas interpretadas como marcas dejadas por un dinosaurio que nadaba y tocaba escasamente el lecho con las garras de sus dígitos más largos.

Desde que las marcas de alargadas garras y surcos zigzagueantes de por medio se interpretaran como marcas dejadas por parte de los dedos posteriores de las patas y de la cola de los dinosaurios nadando o flotando en zonas acuáticas de escasa profundidad, han proliferado en todo el mundo los ejemplos de este tipo de comportamiento. A pesar de ello, la comunidad científica sigue siendo reacia a considerar hábitos anfibios a determinados dinosaurios, interpretándose las marcas de estas posibles nataciones como algo puntual. Después de todo, se sigue considerando a los dinosaurios como reptiles plenamente terrestres, continentales.

Con todo, los paleontólogos se muestran sumamente conservadores ante la idea de suponer vidas semiacuáticas a los dinosaurios. Sin embargo, hoy día hay aves, mamíferos, reptiles y otros grandes grupos de animales, que cuentan con al menos alguna especie totalmente adaptada a este tipo de vida ¿Por qué sería tan osado suponer que los dinosaurios contaban con al menos varios géneros e incluso familias de géneros –entre los que estaría el estegosaurio-, con este modo de vida?

Figura 56.- ¿Marcas de un dinosaurio nadando?

Como hemos ido viendo a lo largo de este capítulo, encajarían muchos de sus aspectos estructurales, aún problemáticos de interpretar. Sería el caso de sus grandes y delgadas placas dérmicas recorridas por numerosos vasos sanguíneos. Ya no tendrían una función defensiva, sino que las usarían, al igual que las iguanas marinas, para moverse en el agua, balanceándolas para moverse a un lado u otro. Luego, al ser de sangre fría, saldrían del agua reposando en las orillas con las placas totalmente laxas, para que el sol calentara la sangre de los numerosos vasos sanguíneos que recorren estas placas, elevando así la temperatura corporal de este animal.

También se entendería la cavidad adicional que poseen únicamente algunos estegosaúridos en su morro, ya que servirían a las especies marinas de esta familia de dinosaurios para eliminar la sal no necesaria para su organismo, de igual forma que se ha visto que hacen las iguanas marinas.

Figura 57.- Réplica del esqueleto de Heterodontosaurus tucki, *espécimen SAFM K1332 y sendos dibujos de heterodontosaúridos, con la piel adornada por una especie de "pelusa" que se cree que estaría formada como las plumas hallado en un ejemplar de China, o sin ella, como se observa en* Heterodontosaurus, *donde no quedó impresa adorno alguno de la piel (lo cual no indica que no pudiera tenerlo y no fosilizara).*

Los extraños dientes de los dinosaurios acorazados también hemos visto que son muy parecidos a los de las iguanas marinas que comen algas. Por extrapolación, creo que no sería muy arriesgado suponer que los estegosaúridos también podrían comer este tipo de plantas. Hay otro grupo de dinosaurios con dientes parecidos y cuya dieta aún resulta problemática de suponer. Se trata de unos pequeños y gráciles animales conocidos como heterodontosaúridos, llamados así por la heterogenia de su dentición. Lo incompleto del registro fósil ha permitido conocer, casi exclusivamente por sus dentaduras, a varias de sus especies y géneros.

Se ha visto que, como los estegosaúridos, tenían la parte delantera de la mandíbula superior (premaxilar, pm en la figura 58) y de la inferior (predentario, pd en la figura 58) desprovista de dientes, suponiéndoles una especie de pico córneo o labio bien desarrollado. Algunos presentan un par de colmillos (como en los hipopótamos, por ejemplo) y el resto de la dentadura lo forman dientes en forma de palma, con varias crestas (figura 48).

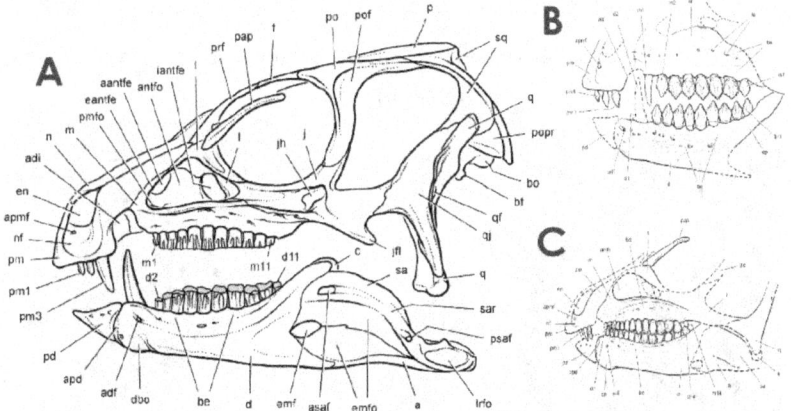

Figura 58.- *Cráneo de la familia Heterodontosauridae correspondiendo a los géneros* Heterodontosaurus *(A, de Sudáfrica),* Echinodon *(B, sur de Inglaterra) y* Abrictosaurus *(C, Sudáfrica, sin colmillos).*

Así las cosas, hay paleontólogos que les atribuyen una dieta vegetariana, con los colmillos, en los machos, para sus peleas por la dominación de las hembras, como ocurre en los mencionados hipopótamos. Otros les consideran omnívoros, alimentándose de plantas pero también de pequeños reptiles y otros animales, llegado el caso.

El grupo de los heterodontosaúridos aún resulta problemático en muchos sentidos, uno de ellos precisamente responde a su dieta. Otro, a su modo de vida ¿Sería un herbívoro u omnívoro puramente terrestre, o bien podría también vivir en los márgenes de ríos, lagos o incluso mares, alimentándose de algas? Por cierto, que los heterodontosáuridos también presentan esa oquedad adicional en el morro presente en las iguanas marinas.

Pero regresemos a los dinosaurios con placas, los estegosaurios. Hablábamos de los aspectos estructurales que aún resultan problemáticos de interpretar para muchos paleontólogos. He justificado mi propuesta de un hábito de vida semiacuático, como el de las iguanas marinas. También reparaba en el hecho de que ellas presentaran garras y los estegosaurios, patas ´tipo elefante´.

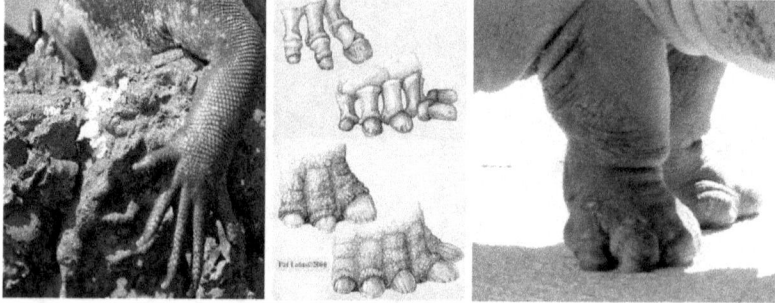

Figura 59.- Comparación de las patas de una iguana marina (izda), de un estegosaúrido (centro) y de un hipopótamo.

Observamos más similitudes entre las patas de un estegosaúrido y de un hipopótamo que con respecto a las patas con afiladas garras de las iguanas marinas (figura 59), pero recordemos que las iguanas marinas habitan una isla volcánica, rocosa, mientras que los hipopótamos pasan su vida en las arenosas orillas de ríos africanos. Por tanto, no considero que las patas de los dinosaurios con placas sean obstáculo alguno para suponerles hábiles nadadores.

He comentado la escasez de icnitas (huellas fósiles) atribuidas a estegosaúridos que se conocen y trataba de ex−

plicarlo por los hábitos semiacuáticos de estos animales que impedirían su conservación; el oleaje las borraría, al quedar registradas de manera deformada por tener mucho agua el sedimento, o bien por ser repisadas por otros animales que frecuentaran esa misma zona para acudir a beber o bien a cazar. Con todo, hay algunos paleontólogos que han querido atribuirles a estos dinosaurios algunas huellas triangulares encontradas (figura 60).

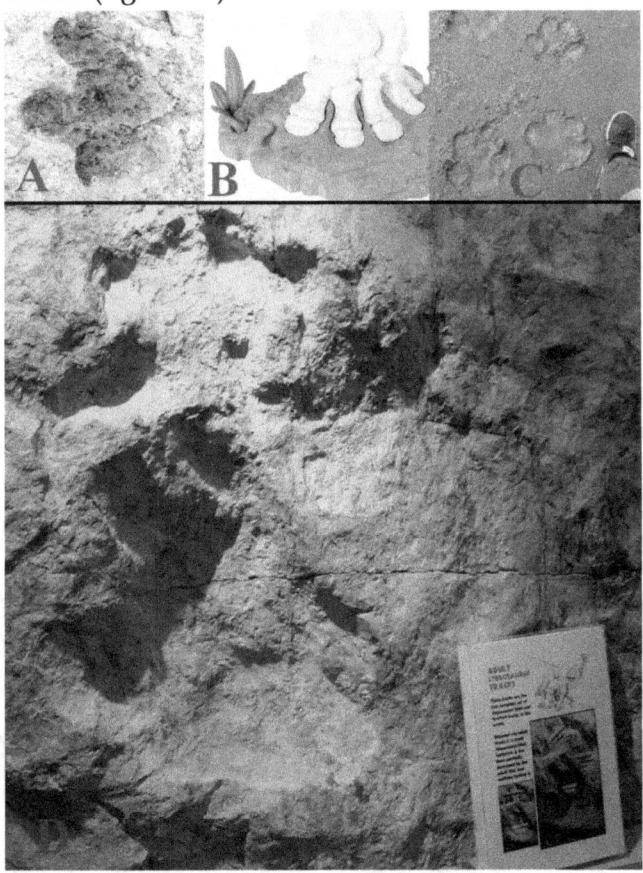

Figura 60.- Icnita atribuida a una mano de estegosaurio (A y D), en dos yacimientos de USA. El pie es más problemático, al presentar cinco dedos (B), algo que no se ha observado en las icnitas encontradas hasta la fecha. Huellas dejadas por una cría de hipopótamo (C).

Lo más curioso es que los sitios donde los paleontólogos locales afirman haber encontrado icnitas de estegosaurios están en su mayoría en España, principalmente en Asturias y en Soria (figura 61). Personalmente, trabajé en yacimientos sorianos equivalentes a donde se han localizado las icnitas de un único par pie-mano de estegosaurio, se corresponde con zonas lacustres que han preservado abundantes huellas de dinosaurios herbívoros iguanodóntidos, hadrosaúridos y saurópodos, dinosaurios carnívoros, reptiles voladores de distintos tamaños, algunas de tortugas y cientos de marcas sedimentarias dejadas por el oleaje (ripple-marks), siendo coherentes con la hipótesis de los hábitos acuáticos de los estegosarios.

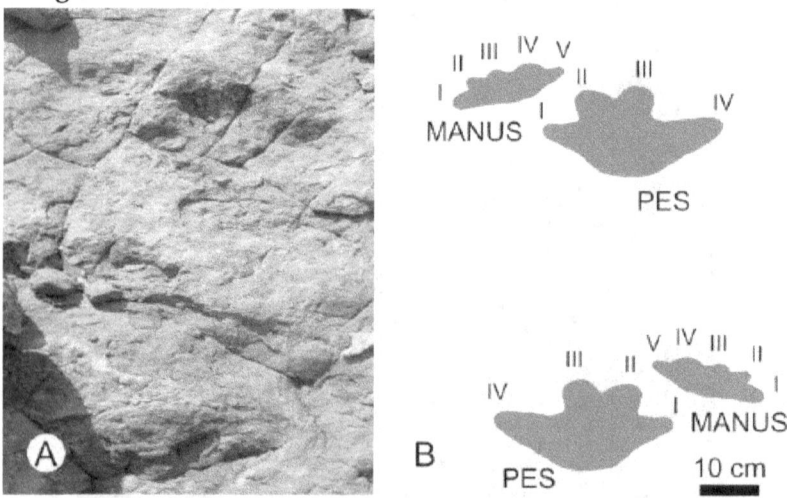

Figura 61.- Icnitas (A, esquema, B) atribuidas a un estegosaurio, en el yacimiento Valloria IV, al norte de la provincia soriana.

Varios paleontólogos españoles han publicado el descubrimiento de icnitas similares en Villaviciosa (Asturias) y en Burgos. Por su parte, en la vecina Portugal se han encontrado tanto restos óseos como icnitas (Escaso et al., 2007; Escaso et al. 2008; Mateus et al., 2011). Lo más relevante es que Mateus et al. (2011) describen en icnitas portuguesas, la impresión de pequeños tubérculos o gránulos de 6 mm de diámetro que cubrían toda la pata de estos dinosaurios, de manera muy semejante a lo que cabe observarse en las actuales iguanas marinas, cuyas patas están recubiertas de escamas.

Las huellas atribuidas a los dinosaurios estegosaúridos se incluyen dentro del icnogénero *Deltapodus*. En las últimas décadas se han encontrado en numerosas partes del mundo (Norteamérica, Europa, África…y hasta en China; Milan & Chiappe, 2009; Belvedere & Mietto, 2010; Xing et al., 2013), teniendo en común que siempre son depósitos marinos o fluviales.

¿Podrían realmente este grupo de dinosaurios herbívoros tener un modo de vida similar al de las iguanas marinas, hipopótamos y elefantes actuales?

CAPÍTULO 8.- EL INCOHERENTE TYRANOSAURIO REX

Hablábamos en el capítulo anterior de reconstrucciones mal realizadas y, aunque por el momento ningún paleontólogo o restaurador ha parecido manifestar la menor duda acerca del célebre Tyranosaurio rex, daré mi opinión al respecto.

No yerro si afirmo que se trata de posiblemente uno de los dinosaurios que más miedos y temores ha despertado en la imaginación popular e infantil. No en vano obedece al nombre de "Rey reptil tirano", el *Tyranosaurus rex*. No es para menos. Dotado de poderosas garras, dientes en forma de daga y tamaño de cuchillos, con bordes aserrados y mandíbula inferior de dos metros y medio de longitud, es considerado la cumbre de la cadena alimenticia del Cretácico, el rey de todos los carnívoros, una auténtica máquina de matar. Sin embargo, observémoslo detenidamente, tratando de ser lo más objetivos posible, como si fuésemos la propia selección natural. Para facilitar las cosas, acudamos a una de las reconstrucciones que de este dinosaurio circulan por Internet y por diferentes yacimientos paleontológicos y museos de Historia Natural de todo el mundo (figura 62).

Tyranosaurio rex

Triceratops

Anquilosaurio

Figura 62.- Un ejemplar joven de Tyranosaurio acecha a un anquilosaurio (o dinosaurio armado, familia de los estegosaurios) y a dos ceratópsidos (o dinosaurios con cuernos). Actualmente hay partidarios de añadir plumas a la piel de los tiranosaurios.

De acuerdo con las últimas investigaciones y hallazgos científicos, se supone que este animal es lo máximo que puede pedirse a un carnívoro, la cima de la cadena trófica de la época de los dinosaurios. Tenía una gran potencia de mordisco (fuertes mandíbulas), dientes como cuchillos, fuerte y potente corazón para bombear cuantiosa sangre, patas traseras robustas capaces de alcanzar una velocidad considerable, una gran envergadura, muchas oquedades en el cráneo que pese a darle gran solidez lo hacían muy ligero, una enorme oquedad nasal, evidencia de un finísimo sentido del olfato, e incluso una visión equiparable a la de los actuales toros miura, etc, pero...¿se han fijado en sus manos o garras anteriores? Son absurdas. Todos estos asombrosos avances para convertirlo en una perfecta máquina de matar casan mal con unas extremidades delanteras que parecieran artríticas o productos de una malformación.

Sus minúsculas patas delanteras dotadas de dos únicos dedos paralelos son tan cortas que no le llegan a la cara, hecho que haría bastante incómodo a este animal ya no sólo rascarse la zona próxima al ojo, sino prácticamente imposible rascarse la parte superior de la cabeza.

Si todas las observaciones anatómicas enumeradas anteriormente son ciertas, si era una increíble máquina de matar, un carnívoro supremo terriblemente ágil, imaginemos un instante en su tarea diaria de búsqueda de alimento. Como cualquier otro carnívoro, no haría ascos a aprovechar los restos de un animal muerto, actuando puntualmente como un carroñero más. No obstante, imaginemos que este carnicero acecha en la penumbra de un bosque a unas presas que distraídamente están pastando en la llanura que se abre unos metros más allá de donde nuestro *T. rex* se encuentra. Contando como elementos a favor la dirección del viento que sopla de manera que sus potenciales víctimas no son alertadas de su presencia y con el factor sorpresa beneficiándole, el fiero cazador emprende la carrera, llegando a alcanzar hasta los 30 o 40 km/h según puede desprenderse de las huellas fósiles o icnitas que han quedado preservadas en las rocas. Los herbívoros, una vez superada la sorpresa causada por la aparición de tan terrible carnicero, echan a correr tratando de poner tierra entre él y ellos. El *T. rex* les persigue hambriento.

Detengamos la persecución aquí y añadamos un elemento nuevo, una variable común en el entorno. Supongamos que en su carrera atraviesan una zona de terreno enfangado y resbaladizo consecuencia de unas lluvias, o bien un tronco de árbol seco. ¿Qué pasaría si el *T. rex* tropezara y cayera? ¿Lo han pensado?

Figura 63.- Representaciones del fiero T.rex.

Estaríamos contemplando un animal dotado para la carrera que al caer sería incapaz de levantarse del suelo debido a que sus raquíticas y minúsculas patas delanteras son tan cortas que no le permiten impulsar su cuerpo hacia arriba ¿No es eso absurdo? Prueben ustedes en sus casas. Échense en el suelo como si hubiesen tropezado durante una carrera y traten de incorporarse sin ayuda de sus brazos (o con éstos doblados, con las manos pegadas al pecho, sobresaliendo así sus extremidades superiores tanto como en ellos). Es casi imposible. Ahora extrapólenlo a un animal de la envergadura de este coloso (figura 63). Se habría extinguido en cuestión de días.

Análisis físicomecánicos del esqueleto de este gran carnívoro han llevado a la consideración de que caminaba con el cuerpo más tumbado que en las figuras 62 y 64 (como en la figura 63) equilibrando la gran cabeza con su ancha cola. Nótese, en la figura 64, cómo poseía en la zona del pubis unos huesos que sobresalían posteriormente (el pubis y el isquion, en los Ornitisquios que significa "caderas de ave", denominando a un grupo de dinosaurios entre los que se incluyen los terópodos o dinosaurios carnívoros, de los que evolucionarán las aves) sirviendo de anclaje para las potentes musculaturas de sus poderosas patas posteriores y cola, más ancha en la vertical que en la horizontal, precisamente para insertar tales músculos en las partes inferiores de las vértebras caudales (concretamente en unos huesos en forma de tirachinas, llamados "chevrones").

Figura 64.- Reproducción fidedigna del esqueleto de un tiranosaurio, destacando sus minúsculos brazos terminados en dos dedos con desarrolladas garras.

Imaginemos otro comportamiento muy común entre carnívoros de distintos géneros: la lucha por la territorialidad o por una presa. En esta lucha saldría el gran T.rex como claro perdedor únicamente con hacerle caer. En el momento en que otros carnívoros, aunque menos especializados y tal vez más frágiles, le hicieran caer de lado o panza arriba se generarían varios momentos de indefensión en los que este gigante trataría de alzarse sin poder usar sus patéticos brazos y durante los que con un arañazo o bocado potente por parte de su adversario pudiera destriparlo o, cuando menos, alcanzar algún órgano vital. Así que...algo falla ¿No creen?

Figura 65.- ¿De verdad creen que un carnívoro semejante, sin apenas extremidades delanteras lograría sobrevivir?.

No han faltado paleontólogos que han optado por considerar que el *T.rex*, como se le conoce popularmente, poseyera hábitos alimenticios carroñeros. En ese caso, ¿para qué esa gran adaptación a la carrera y ese enorme corazón propio de un enérgico corredor? Porque desde luego, sus presas no saldrían huyendo al acercarse él, de ser efectivamente carroñero. Tampoco encajaría este modo de vida con las huellas fósiles que se han hallado en diversas localidades del mundo, atribuidas a tiranosaurios, en los que se deduce una carrera e incluso una persecución de este carnívoro a un dinosaurio herbívoro que también dejó impresas sus huellas.

Apliquemos el principio del *actualismo*. Miremos el presente para tratar de extrapolarlo al pasado. Prácticamente todos los carroñeros actuales se comportan en algún momento como cazadores, ya sean hienas, buitres o cocodrilos. De nuevo nos asaltan las incoherencias de un animal dotado para la carrera y para dar caza a sus víctimas, en el que un mero tropiezo o resbalón con caída incluida supondría para él la muerte casi segura. Es algo absurdo, como ilógico resulta suponer que la evolución, la selección natural y la presión del medio hayan seleccionado a un animal con semejante ´tara´ existencial. No. Algo se nos escapa. A ello debemos añadir las plumas, pues cada vez son más los restos de terópodos tan bien preservados que permiten identificar la impresión de plumas en ciertas partes de su cuerpo. Por este motivo, son varios los que han extrapolado las plumas a terópodos tan enormes como los tiranosaurios, sin percatarse de que sería bastante absurdo funcionalmente hablando. A no ser que tratemos de verlos como grandes avestruces, aunque por el momento nada se haya encontrado que respalde esta interpretación. Por ello, sigo considerando al T.rex con su aspecto ´de siempre´.

Regresemos a la gran problemática de sus manos reducidas a la mínima expresión. O las conclusiones basadas en el registro fósil son erróneas, o bien somos nosotros –los científicos- los que estamos cometiendo errores de interpretación. Creo conocer la respuesta más plausible, saber dónde reside la razón de estas incoherencias. Si acudimos al registro fósil, comprobaremos que existe un porcentaje muy bajo de especies de dinosaurios cuyo esqueleto preservado comprenda más del 50% de sus huesos. Mucho menos si además deseamos contar con dos organismos preservados en su totalidad para verificar que efectivamente dichos huesos y sus parámetros eran los estándares dentro de esa especie concreta de dinosaurio. Ante este evidente problema de falta de registro, los paleontólogos tienden a generalizar y a extrapolar observaciones entre organismos aparentemente afines, como ya explicamos en otro momento. Los detalles en sus anatomías se van rectificando conforme nuevos hallazgos muestran lo erróneo de estas suposiciones. En este sentido se han cometido notorios errores, como con el dinosaurio *Iguanodon* que se reconstruyó originariamente con un cuerno en el hocico de un cráneo y cuerpo similar al de una enorme iguana actual, cuando realmente se vio más tarde, con nuevos hallazgos fósiles, que dicho supuesto cuerno era en realidad un pulgar de las patas delanteras. De hecho, aún hoy puede verse esta errónea reconstrucción en las distintas estatuas que se realizaron en su día para la inauguración del palacio de cristal de Londres en 1852 (figura 66).

Figura 66. – Reconstrucción del Iguanodon, en 1852, a modo de enorme iguana con un cuerno en su hocico. A la dcha, estimación actual del mismo dinosaurio con el "cuerno" como pulgar de la pata delantera.

Igualmente se ha venido reconstruyendo al grupo de dinosaurios, coloquialmente llamados ´cuellilargos´ por sus enormes cuellos y colas, con sus extensos cuellos totalmente erectos en la vertical. Pues bien, una vez que se ha analizado desde la perspectiva de la anatomía comparada estas posiciones, se ha visto que eran del todo erróneas ya que conllevarían la rotura de numerosas vértebras cervicales con el añadido de la falta de un corazón lo suficientemente potente como para bombear sangre a un cerebro ubicado en ocasiones hasta 5 o más metros por encima de su corazón. Es cierto que las jirafas actuales tienen cuellos de este tipo, pero su anatomía nada tiene que ver con la de los saurópodos.

Otro error muy sonado por su relevancia fue la reconstrucción que durante varias décadas se efectuó del *Homo neanderthalensis* u "hombre de Neandertal" como un ser humano cheposo, encogido, con extremidades incapaces de permitir una buena carrera. Estudios posteriores de los restos esqueletales que propiciaron dicha reconstrucción resultaron presentar avanzados achaques de artrosis en sus huesos. Posteriormente se encontraron ejemplares con esqueletos muy completos que mostraron cuán equivocados estábamos al considerarlos con ese aspecto. También podemos mencionar el error cometido con fósiles que se consideraron plumas fósiles, encontradas en Cataluña, y que resultaron ser restos de un tiburón y no de un ave. Otro catastrófico error apareció nada menos que en la portada de uno de los números de la prestigiosa revista científica inglesa *Nature* y de la norteamericana *National Gepgraphic*. En ellas se mostraba a todo color una fascinante imagen de los restos fósiles de un dinosaurio cubierto de plumas procedente de China, que parecía ser un eslabón más entre los dinosaurios terópodos y las aves, pero extraordinariamente bien conservado. El hallazgo de este eslabón perdido en 1999, denominado *Archaeoraptor lianingensis* (antiguo cazador de la provincia china de Liaoning), supuso tal conmoción científica que sus descubridores e investigadores dieron numerosas charlas por todo el mundo, recogiendo varios prestigiosos premios. Pero cuando se le realizaron distintas tomografías computerizadas a la lasca de piedra con su presunto fósil extraordinariamente bien conservado, se descubrió que contenía 88 fragmentos diferentes sacados de múltiples dinosaurios. Era ´un engaño chino´, lo que indignó a miles de científicos rigurosos que veían un intento premeditado de unos farsantes para acaparar la atención de los medios, premios internacionales y mucho dinero (en teoría otorgado para permitir seguir investigando y conservando el yacimiento paleontológico). La prestigiosa revista *Nature*, para resarcirse, publicó un artículo titulado: *"Altering the Past: China's Faked Fossils Problem"* (*"alterando el pasado: la problemática de los fósiles chinos trucados"*). Para otros que deseaban otorgar la presunción de inocencia a los descubridores, resultó ser la superposición de los cadáveres de dos animales, un dinosaurio terópodo y un ave.

Son solo unos ejemplos de los numerosos que podrían citarse, intencionados o no. Con todos estos fallos cometidos a lo largo de la historia de la paleontología, que son un pequeño porcentaje de la totalidad de las especies fósiles que realmente se han dado y ocurren casi cada año, me pregunto si realmente las raquíticas patas delanteras del *Tiranosaurus rex* no pudieran corresponder a los de un individuo que sufriera una deformación de sus patas y por ello acabara muriendo. Es decir, que no todos los tiranosaurios mostraran esas absurdas extremidades superiores, sino que nos encontraríamos repitiendo el error cometido con los neandertales. Solo así podría entenderse que el esqueleto de este ´reptil tirano rey´ fuera realmente la culminación de una perfecta tendencia evolutiva hacia la consecución de la mejor máquina de matar. De hecho, el famoso paleontólogo inglés Michael J. Benton –y mi mentor- publicaba en la revista científica *Biology Letters* que, de las 1.041 especies de dinosaurios creadas entre 1824 y 2004, el 16% de ellas eran erróneas al tratarse de restos de un dinosaurio ya descrito previamente o de organismos mal interpretados al considerar determinados huesos de manera errónea, atribuyéndolos a grupos de seres vivos que realmente no eran tales.

Añadiendo esta observación al hecho de que el T. rex es el único dinosaurio carnívoro con esas raquíticas extremidades delanteras, ya que ni otros géneros de su familia comparten esta característica anatómica, y sumando el hecho de no hallar en la actualidad un carnívoro que presente tal peculiaridad, considero que no es nada osado suponer dos alternativas de pensamiento. O bien hemos reconstruido mal este colosal dinosaurio o bien estamos ante una especie que degeneró de manera que la competición por la vida que supone la evolución acabó aniquilándolo. Por un lado, no son muchos los individuos de tiranosaurio rex hallados y por otro lado, todos ellos son individuos más o menos juveniles, no seniles. Pero como dijo Daniel Alexander Velez, <<*las heridas del pasado se cosen con la aguja del tiempo.*>> Por ello deberemos aguardar a ver qué nuevos esqueletos nos aguardan por descubrir de esta especie, para poder llegar a comprender plenamente la razón que se oculta tras esas inoperantes articulaciones delanteras.

CAPÍTULO 9.- EL ORIGEN DE LA VIDA Y DE LA BILATERALIDAD

Una de las cuestiones que más ríos de tinta ha vertido, si exceptuamos el tema de los eslabones perdidos, es precisamente el relativo al surgimiento de la propia vida en sí en nuestro planeta.

En la antigüedad, se consideraba que los seres vivos surgían por generación espontánea, bien directamente de las rocas (Aristóteles, s. IV a.C.), o de otras sustancias como el agua o la miel (Virgilio, en el siglo II a.C. defendía que las abejas aparecían de la miel y no al contrario, como en realidad ocurre). Pero que no nos cause risa ni nos lleve a tachar a ´los primitivos´ de incultos, pues ideas similares se sostuvieron hasta el siglo XVII de nuestra era. Por ejemplo, Jean B. van Helmolt gozó de popularidad por sus escritos ´científicos´ describiendo cómo obtener larvas, gusanos, moscas,…a partir de agua estancada o carne en descomposición. En el siglo XIX, el mismísimo evolucionista Jean-Baptiste de Lamark defiende la idea del surgimiento espontáneo de la vida en su obra *"Filosofía Zoológica"* (1809). Y no fue una idea limitada a las academias francesas, sino extensamente compartida por científicos de todo el mundo, hasta que se comenzó a investigar el mundo de lo molecular gracias a los microscopios y a otros avances tecnológicos.

Uno de ellos se debe precisamente a un investigador francés, el químico Louis Pasteur (s. XIX) que, intrigado por la aparición de moho en el pan y otros alimentos, desarrolló diversos experimentos desterrando la idea de la generación espontánea, al evidenciar la presencia de microorganismos que no vemos en todo lo que nos rodea e incluso en nuestra propia piel. Estos diminutos organismos descomponedores de la materia son los encargados del envejecimiento de los alimentos, de la aparición de ciertas sustancias (generadas o favorecidas por ellos) que servirán de sustento y alimento a los huevos y larvas de otros organismos más complejos como gusanos o moscas, dando lugar a la falsa impresión de la aparición espontánea de insectos o de otros organismos a partir de alimentos dejados cierto tiempo expuestos a las condiciones medioambientales.

Mezclando estos nuevos conocimientos biológicos con los químicos, comenzaron a definirse nuevas teorías para responder al origen de la vida en nuestro planeta.

Tradicionalmente se sostenía que fue en la primitiva atmósfera terrestre, todavía en formación y sometida al desprendimiento de gran cantidad de vapores ácidos volcánicos que a su vez generaba gran cantidad de tormentas eléctricas, en una búsqueda de equilibrio entre las cargas electromagnéticas de la tierra y de la atmósfera, cuando estos rayos que no paraban de descargar en los primitivos océanos propiciaron que moléculas inorgánicas acabaran interactuando entre sí, generando lo que ha venido en llamarse ´la sopa primigenia´, en la cual -y a partir de elementos inorgánicos- se generaron las primeras moléculas orgánicas.

Fue el científico ruso Alexander Ivánovich Oparin

quién, en la primera mitad del siglo XX, se propuso imitar las condiciones primigenias en un laboratorio, haciendo pasar electricidad en ese líquido para obtener moléculas orgánicas. Es cierto que las obtuvo, sin embargo no fueron para muchos científicos una evidencia de que la vida pudo originarse así, ya que no llegó a obtener la complejidad ni la estabilidad propia de células vivas. Sin embargo, había logrado captar la atención del mundo científico. Junto con el biólogo británico John Burdon Sanderson Haldane, profundizaron en sus experimentos, estableciendo la siguiente hipótesis del origen de la vida. Hubo una primera etapa abiótica desde la formación de nuestro planeta (aprox. 4.600 millones de años) en la cual la superficie terrestre era la viva imagen del infierno, con lava por doquier, volcanes expulsando todo tipo de gases tóxicos y reductores a elevadas temperaturas que provocaban la inexistencia de agua líquida, pero sí de atmósfera. Sin embargo estos gases corroían cuánto tocaban, reaccionando con otros gases y con las rocas de la superficie terrestre (y meteoros que caían desde el espacio) de manera que el pH fue haciéndose algo más básico (menos ácido), dando lugar a la aparición de las primeras sustancias inorgánicas susceptibles de ser orgánicas, a la vez que en pequeños recovecos guarnecidos fue acumulándose algo de agua líquida. En ella, y con estas moléculas sumergidas, denominadas *protobiontes o coacervados* por Oparín, las descargas eléctricas generadas por los rayos asociados al vulcanismo dieron lugar a las primeras formas orgánicas, a las que Oparín llamó *eobiontes*. Estos microorganismos, del tipo extremófilo (los científicos llaman así a los que viven en condiciones tan extremas que parecería imposible que en ellas pudiera habitar ser vivo alguno) comenzaron a tomar del aire elementos reductores, sintetizándolos y depositándolos en el sustrato donde ellos habitan. Así, mediante la retirada del ambiente de estos elementos tan perjudiciales, y liberando oxígeno y nitrógeno, el pH fue suavizándose, permitiendo la generación de agua líquida y de sales (carbonatos, nitratos, ...). Esta primera etapa duraría aproximadamente hasta el transcurso de 4.000 a 3.800 millones de años, que corresponde a la datación de los primeros organismos anaeróbicos fosilizados. Son los más antiguos y parecen haberse desarrollado en climas similares a las bacterias y microorganismos que la NASA estudió en el Río Tinto de Huelva, España, cuyas aguas son rojas por la elevada y mortal cantidad de metales, sulfuros y otros elementos arrastrados de la llamada Faja Pirítica, la mayor concentración de depósitos de sulfuros del mundo. También hay microorganismos similares en los fondos marinos junto a las fumarolas volcánicas que producen que el agua marina hierva a su contacto. Así como en el lago Mono de Estados Unidos, un lago endorreico (sin río asociado) con un pH de 10 en sus aguas (el pH de la lejía pura es de 12), sumamente alcalino, en el que se han hallado bacterias que tienen arsénico en lugar de fósforo en su organismo, algo impensable hasta la fecha. Los geofísicos consideran que en la vertical del lago, a 10 km de profundidad se encuentra una cámara magmática conectada con la zona volcánica Mono ubicada a 16 km de distancia en la superficie del lago homónimo, que desprende numerosas fumarolas que son las que calientan las aguas del lago y llenan de arsénico, magnesio, fósforo y otros elementos tóxicos a las aguas en las que viven estas increíbles bacterias. Pues bien, para Oparín y Haldane, en el momento en el que los eobiontes hacen acto de aparición, se iniciaría la segunda etapa, biótica, que dura hasta nuestros días.

Figura 67.- Mina de Riotinto (izda) donde nace el río homónimo, rico en sulfuros y otros elementos tóxicos, pero esenciales para la vida. Dcha, fumarola o chimenea volcánica submarina expulsando gases tóxicos a más de 400°C. En estas condiciones viven microorganismos extremófilos de vida anaerobia (sin oxígeno).

Ahora bien, mientras se estaba propiciando la formación de la vida, se fueron sucediendo diversas atmósferas. Las primeras se disipaban fácilmente, escapando al espacio por no existir nada que las retuviera, sin embargo conforme los microorganismos fueron liberando oxígeno y bajando la alcalinidad de las aguas, a la vez que el intenso vulcanismo fue apaciguándose y las sustancias expulsadas reaccionaron entre sí, se generó una atmósfera rica en metano (CH_4), nitrógeno, azufre (H_2S), amoniaco (NH_3) y vapor de agua.

Y se produjo la mayor invención de un ser vivo, mediante el desarrollo de la fotosíntesis, que garantizó un equilibrio entre la toma de oxígeno y monóxido de carbono del aire y su liberación a éste durante los procesos metabólicos. Esto fue dando lugar a una atmósfera más densa, que se iba conformando y ganando en estabilidad, a la vez que los microorganismos iban proliferando, mutando y ganando en complejidad.

Considero que teniendo en cuenta las mil variables presentes en las inestables y extremas condiciones primigenias, el ensayo de Oparín fue un total éxito ya que es imposible reducir toda la complejidad de la superficie de un planeta recién formado y enfriándose, en un laboratorio químico. El hecho de que obtuviera moléculas orgánicas a partir de inorgánicas ya es toda una evidencia que apunta a que posiblemente se dio de esta manera. Una vez que las sustancias orgánicas se originaron, posiblemente entraran en juego otras variables existentes que ni por asomo llegamos a considerar, que propiciaron que la vida se fuera abriendo camino, ganando en consistencia y complejidad.

Algo similar debió pensar el investigador norteamericano Stanley Miller, en 1952, para respaldar los argumentos de Oparín, mediante la reproducción en el laboratorio de las condiciones que más se pudieran parecer a las condiciones físico-químicas iniciales propuestas por el ruso para dar lugar a los *protobiontes*, o propiciadores de las primeras moléculas orgánicas. Partiendo de gases tales como el monóxido de carbono (CO), metano, ácido sulhídrico, amoniaco y otros elementos mencionados por Oparín, sometió los gases durante una semana a fuertes descargas eléctricas (imitadoras de los rayos ultravioleta solares y de las descargas de tormentas eléctricas naturales). Contenidos estos gases en matraces interconectados sellados (impidiendo el contacto con la atmósfera) y en ausencia de oxígeno libre, permitía la interacción de las diferentes sustancias que se iban generando. Tras una semana, analizó las sustancias contenidas en el agua líquida que cubría parte del último matraz, encontrando efectivamente macromoléculas orgánicas. Ahora bien, el hecho de tener moléculas orgánicas no significaba que tuvieran microorganismos vivos, ni mucho menos. Por tanto, la Ciencia estaba más cerca de conseguir crear vida a partir de sustancias inorgánicas, pero lo que hasta ahora se había logrado era generar moléculas similares a las de los seres vivos pero carentes de la energía vital que les permitiera crecer en complejidad, respirar y lo que es fundamental, replicarse. Si es incapaz de replicarse, no puede generar célula nueva alguna, no hay crecimiento, ni formación de órganos ni estructuras.

Figura 68.- De izquierda a derecha, Oparín (aparición de la vida por "la sopa primigenia"), Haldane (síntesis prebiótica) y Miller (comprobación y matizaciones a "la sopa primigenia" de Oparín).

Entonces, ¿qué hacía que un *probionte* (precursor de la vida) pasara a ser un *eubionte* (ser vivo), en la terminología del investigador ruso? Ahora entraba en juego la aportación del científico inglés John B. S. Haldane. En la obra de Oparín *"El Origen de la vida en la Tierra"* (1924), se proponía que dicho paso se generaba por lo que denominó *"la síntesis prebiótica"*, en la que se centró el británico. Coincidía con el ruso en admitir que en los inicios de nuestro planeta el oxígeno libre brillaba por su ausencia, mientras elementos vitales como el azufre, nitrógeno, carbono, fósforo, hidrógeno y oxígenos estaban presentes en abundancia, aunque fuera formando parte de distintas moléculas.

En las extremas condiciones existentes, estas moléculas se fueron recombinando originando otras llamadas orgánicas (porque son susceptibles de ser quemadas si se las somete a altas temperaturas), tal como Miller demostraría en sus experimentos. Entre estas moléculas orgánicas (hasta ahora inanimadas pues eran incapaces de replicarse) estaban los aminoácidos, que al recombinarse entre sí generaron las proteínas, una sustancia vital para todo ser vivo ya que no sólo les genera sus elementos de protección y sostén (pared celular, nervios, tendones, elastina, queratina, etc) sino que gracias a ellas se genera el ácido desoxirribonucleico –abreviado como ADN, contenedor de toda la información genética necesaria para autorreplicarse- y el ácido ribonucleico –abreviado como ARN y esencial para permitir el autorreplicado, actuando como mensajero de la información codificada en el ADN para generar una copia exacta de éste. El ARN es vital para formar las proteínas mediante la combinación adecuada de los nucleótidos que componen éstas. El ARN está formado por ribonucleótidos, que son un tipo de nucleótidos (moléculas orgánicas compuestas por un monosacárido –un azúcar- constituido por cinco carbonos, una base nitrogenada y un grupo fosfato) concretos en el que el monosacárido es la ribosa, y la base puede ser adenina, guanina, uracilo o citosina. Pues bien, sin profundizar más en geoquímica, vemos que en teoría, a través de los elementos que Oparín consideraba que estaban presentes en la "sopa primigenia" se podía originar una "síntesis prebiótica" que permitía que la combinación de estos probiontes, similares a nucleótidos, dieran lugar a ARN y a aminoácidos (elementos que componen las proteínas).

Hasta aquí la teoría, pues se pasaba de puntillas sobre una cuestión vital. Como cualquier biólogo confirmará, para que una célula se replique, su ADN genera un ARN (que actúa como máquina de montaje) que a su vez genera las proteínas para que fabrique los ácidos nucleicos o ladrillos que forman la nueva cadena de ADN replicada. El problema es que el propio ARN está formado por ácidos nucleicos que requieren de enzimas, que son proteínas, para generarse. En otras palabras, para autoreplicarse el ADN debe formar un elemento, llamémosle A, que a su vez ordena los elementos que constituyen el ADN pero también a A. Y para que A ordene esos elementos necesita generar a B, que es la responsable de que tanto A como el ADN exista. Reduciendo aún más el problema ¿Cómo puede formarse A a partir de B si para que B exista, A debe haberlo fabricado, o al menos, ordenado su fabricación? La cuestión casi llevaba a considerar la generación independiente de las distintas clases de proteínas, algo que parecía tan imposible como considerar que las distintas plumas de un ave se habían generado por vías independientes y aisladas, desembocando en estructuras muy semejantes.

Como es de suponer, el debate trajo de cabeza durante décadas a la comunidad científica, hasta que dos investigadores, el canadiense Sidney Altman y el norteamericano Thomas Cech (ganadores en 1989 del Premio Nobel de Química por el descubrimiento de las propiedades catalíticas del ARN) descubrieron en la década de 1980 la existencia de un ARN que venía a ser como un lobo con piel de cordero. Actuaba como las enzimas (proteínas), pero podía replicarse. Lo llamaron *"ribozimas"* y, como ARN autorreplicante que era, solucionaba el problema del origen de la vida. Las primeras moléculas se reprodujeron gracias a este ARN autoduplicante, que, a su vez, generó las primeras enzimas que comenzaron a actuar como las catalizadoras que son en el replicado de ADN.

Gracias a este paso evolutivo, se pudo dar un replicado cada vez más preciso y más rentable energéticamente, permitiendo a los organismos replicar más rápido sus células ganando en complejidad (órganos, tejidos, procesos metabólicos, estructuras y funciones).

Figura 69.- El descubrimiento de los ribozomas y de la función del ARN en el replicado del ADN valió a los dos bioquímicos de la Universidad de Yale (Thomas Cech, a la izda y Sydney Altman a la dcha) el Premio Nobel de Química en 1989.

Así las cosas, ya quedaba más que explicado el origen de la vida en la Tierra ¿No es cierto? Pues como no podía ser de otra forma, la respuesta es negativa. Nuevos hallazgos complicaron las cosas.

Tratando de corroborar las ideas expuestas aquí para el origen de la vida terrestre, un equipo del *New York Center for Astrobiology* (Instituto Politécnico Rensselaer) tomaron la asociación de minerales más frecuentes constatados en los sedimentos más antiguos que se conservan, a fin de inferir, a partir de ellos, la composición de la atmósfera primitiva hacia 4.000 millones de años, poco antes de que las primeras moléculas propiciadoras de la vida, de las moléculas orgánicas, se originaran. Luego hicieron lo mismo justo cuando comenzó la segunda etapa, la biótica. De acuerdo con Alexander I. Oparín, se trataba de la segunda atmósfera, cada vez más densa y estratificada, rica en metano (CH_4), H_2S, vapor de agua, CO_2 y amoníaco (NH_3). Al ser tan reductora, sin apenas oxígeno libre, la vida se desarrolló en el fondo de mares y lagos, donde la densa capa de agua preservaba de la radiación y minerales ricos en sulfuros (pirita y galena, entre otros, abundaban). Con todos estos elementos y sin nada de oxidación, Miller demostró que como teorizaba Oparín sería posible sintetizar aminoácidos a partir de sustancias inorgánicas.

Pero las conclusiones no pudieron ser más demoledoras. Atendiendo a asociaciones minerales presentes en sedimentos formados unos quinientos millones de años después de haberse formado nuestro planeta, se podía asegurar que el nivel de oxidación era muy similar al actual, es decir, que la cantidad de oxígeno libre disponible era más parecido a la del siglo XX que al propuesto por Oparín y Haldane, poseyendo un potencial oxidante más elevado del considerado, además de cantidades importantes de dióxido de azufre, vapor de agua y dióxido de carbono ¿Cómo podía ser eso posible? En estas condiciones, la teoría de Oparín, aunque no perdía no veracidad (demostrada por Miller, Cech y Altman), había que relegarla a medios realmente extremos, asociados a vulcanismo. Estas lapidarias afirmaciones fueron motivo de publicación en la revista *Nature* del 1 de diciembre de 2011 bajo el título *"The oxidation state of Hadean magmas and implications for early Earth's atmosphere"*, en español, *"El estado de oxidación de los magmas de Hadean y sus implicaciones para la atmósfera primitiva de la Tierra"* ya que el equipo de Dustin Trail y Bruce Watson se centró en el análisis de los gases contenidos en las burbujas de zircones generados en la erupción de lava de Hadean, ubicada por métodos de datación absoluta en los primeros estadios de la formación de la corteza terrestre. Además, desde el momento en que el zircón se forma permanece inalterado, siendo prácticamente un chivato fósil de las condiciones existentes cuando se generó. De esta manera, los investigadores se centraron en analizar el contenido que estos circones tenían del elemento cerio en su estado más oxidado frente a su estado menos oxidado. Tal proporción, como digo, señalaba hacia la existencia de una atmósfera tan oxidativa como la del siglo XX, de acuerdo con Trail et al. (2011).

Por tanto se abría un nuevo marco para el origen de la vida en nuestro planeta ¿Se hizo a escondidas –pues las radiaciones solares y el oxígeno rompen los enlaces en las moléculas orgánicas– en regiones bajo condiciones extremas y por unos microorganismos anaerobios en unas condiciones que propiciaban sobradamente el metabolismo aerobio? ¿O surgió la vida por otras causas y vías distintas a las contempladas hasta hoy día?

1962. El Premio Nobel de Fisiología y Medicina es concedido al biólogo molecular, físico y neurocientífico británico Francis Harry Compton Crick, junto con el biólogo estadounidense James Dewey Watson y el físico neozelandés experto en rayos X Maurice Hugh F. Winkins, por sus aportes en la estructura molecular del ADN, realizado en 1953, en cuyos estudios y ensayos también colaboró la cristalógrafa inglesa Rosalind Franklin. Gracias a la labor de estos cuatro científicos, el mundo conoció cómo se disponía el ADN, en forma de doble hélice, así como otras muchas importantes características del material genético y de su funcionamiento. Watson ya había comenzado su carrera científica junto a Herman Muller, ganador en 1947 del Premio Nobel de Medicina por su aporte en el análisis de las mutaciones, analizadas gracias al desarrollo de los rayos X. Tras ganar su premio, Watson publicó su obra *"La doble hélice"* (1968) y ha trabajado en el Proyecto Genoma Humano, hasta su jubilación.

Ahora bien, dicho esto conviene señalar que el biólogo molecular, físico y neurocientífico británico Francis Harry Compton Crick había realizado un trabajo brillante, no sólo en lo referente a la estructura del ADN, sino que consciente de las limitaciones tecnológicas de su época fue capaz de deducir otros elementos que acabarían corroborándose años después.

Pues bien, en 1973 sorprendía a todos al publicar, en compañía del prolífico bioquímico británico Leslie E. Orgel (autor del libro *"Los orígenes de la vida: moléculas y selección natural"*, 1973) un artículo en el volumen 19 de la revista *Icarus*, a favor de la *Teoría de la Panspermia*, la cual sostenía que las primeras moléculas orgánicas llegaron a nuestro planeta a bordo de meteoritos que cayeron en toda la superficie de la Tierra y en sus mares. Allí encontraron unas condiciones idóneas para desarrollarse y evolucionar, dando lugar a todo el magnífico despliegue de formas vivientes que a lo largo de millones de años de evolución se fueron sucediendo.

No fueron pocos los científicos que se sorprendieron al oír de un colega con los conocimientos de Francis H. C. Crick la aseveración de que los seres vivos terrestres se originaron de alienígenas, pero el británico lo justificaba aludiendo a la falta de formas transitorias a la doble hélice del ADN. Al no encontrarse ´formas rechazadas´ o defectuosas de otras alternativas, necesariamente debíamos admitir –argumentaba Crick- que llegó del espacio ya así.

Esta idea de la llegada de la vida a nuestro planeta desde el exterior no era nueva, ni tan siquiera de nuestra era, puesto que ya en el siglo VI a.C., el filósofo de la Grecia clásica Anaxágoras, defendía en sus escritos que del cielo llegaron las semillas (en griego, *spermas*) o esporas de la vida que se diseminaron por todo nuestro mundo (en griego, todo, *pan*), poblando la tierra de seres vivos.

Figura 70.- Watson y Crick estrechan la mano a Maclyn McCarty. A la derecha, retrato de Svante Arrhenius, recuperador de la Teoría de la Panspermia.

Transcurrieron muchos siglos hasta que en 1865 un biólogo alemán llamado Hermann Richter recuperó la teoría, que sin embargo no llegó a calar entre sus colegas investigadores. Habrá que esperar de nuevo unos años hasta que otro ganador de un Premio Nobel de Química, el físicoquímico sueco Svante Augusto Arrhenius (por su contribución a la disociación electrolítica), volvía a sacar a la palestra la *Teoría de la Panspermia*. Arrhenius -que en 1896 ya advirtió que el excesivo uso de los combustibles fósiles acarrearía un calentamiento global del planeta, y en 1889 expuso la relación proporcional existente entre la concentración de moléculas existentes en una reacción y el aumento de la velocidad de dicha reacción con la temperatura- consideraba con total seriedad la posibilidad de que la vida terrestre se hubiera originado en algún lugar remoto del universo, llegando a nuestro planeta a bordo de meteoritos. Tras sobrevivir a las elevadas temperaturas al cruzar nuestra atmósfera y aterrizando en un medio acuoso, se darían los microorganismos terrestres, semillas u otras formas de vida latente que hubieran hallado un medio propicio en el que desarrollarse, florecer y evolucionar.

Como vemos, tanto Arrhenius como Crick fueron ganadores de numerosos premios de investigación (el Nobel entre ellos), y ambos llegaron a predecir acontecimientos que efectivamente han resultado ser ciertos. No son los típicos propensos a creer en extraterrestres y otros elementos de la cultura popular urbana y fantástica. Ambos laureados científicos defendían la *Teoría de la Panspermia*, pero con matices que los diferenciaban. Para Arrhenius, experto de las reacciones químicas electrolíticas, lo que llegó del espacio fueron moléculas orgánicas complejas que al sumergirse en aguas salinas con determinadas condiciones de presión, temperatura y pH acabaron reaccionando, dando lugar al material básico del que partiría la vida (en los términos de Oparin, llegaron *protobiontes* que en los mares terrestres generaron *eobiontes*). Para Crick y Orgel llegaron bacterias extremófilas que en medios terrestres hostiles para seres vivos aerobios ´normales´ habrían supuesto la muerte, mientras que para ellos resultaron ser el paraíso (aguas hidrotermales, lagos alcalinos, suelos gélidos polares, etc). A esta variación de la Teoría de la Panspermia la denominaron *"Panspermia dirigida"* (frente a la *"Panspermia molecular"* de Arrhenius).

Como es de suponer, esta teoría del origen extaterrestre de la vida en nuestro planeta encontró múltiples detractores, que consideraban que tanto Oparin como Miller habían demostrado sobradamente el surgimiento de la vida en la Tierra sin necesidad de recurrir a factores externos. Por su parte, reputados astrónomos y astrofísicos sostenían que las condiciones de presión, temperatura, ausencia de oxígeno, temperaturas extremas y altas radiaciones solares de todos los espectros imposibilitarían que a bordo de un cometa o meteorito pudiera sobrevivir algún tipo de molécula orgánica en su continuo viaje por el espacio, por no mencionar lo que ocurriría si el meteorito colisionaba contra la superficie de un astro o si se acercaba demasiado a una estrella o a la nube de Oort, con cientos de millones de meteoritos de todo tipo de diámetro moviéndose y colisionando. Sin embargo, los avances en el conocimiento biológico de la naturaleza terrestre también iban arrojando datos que hacían cuestionarse las respuestas, al conocer la existencia de microorganismos en lagos con aguas cuyo pH era de 10 o más, que habitaban en zonas de dorsales oceánicas, expuestos a elevadísimas temperaturas y todo tipo de elementos químicos. Se encontraron microorganismos viviendo ´felizmente´ en suelos altamente contaminados por radiación nuclear.

Incluso se comprobó que los ´carámbanos de óxido´ que mostraba el Titanic a gran profundidad y mayor presión eran la consecuencia de la acción de determinados microorganismos que se nutren del metal que compone el barco, desintegrándolo poco a poco. Por tanto, biólogos actuales no sólo están plenamente convencidos de que las bacterias son de los organismos más resistentes a las condiciones más adversas que se puedan dar en la corteza terrestre, sino que además hay otro tipo de organismos tales como los líquenes o los tardígrados (o popularmente, "osos de agua") capaces de sobrevivir en condiciones extremadamente gélidas y cierto tiempo, en el vacío (se ha comprobado en el espacio).

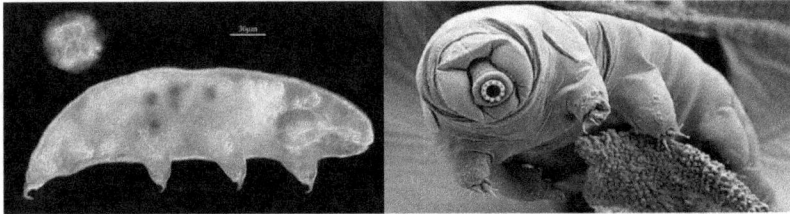

Figura 71.- Los tardígrados han revolucionado a la comunidad científica por su resistencia, a pesar de su pequeño tamaño pues han vuelto a la vida tras permanecer 30 años congelados, pueden sobrevivir tras sumergirles en alcohol puro o en pleno espacio exterior, permanecer latentes a temperaturas de hasta 149° C y -272°C, para "renacer" de nuevo al contacto con una simple gota de agua.

Sin embargo, la polémica dio un vuelco cuando en 1984 un geólogo norteamericano descubrió en la región antártica de Allan Hills (en el Polo Sur) un fragmento de meteorito del tipo acondrítico diogenita (alude a su composición, de aproximadamente un 95 % de ortopiroxeno, olivino en menor cantidad y algún que otro mineral en muy pequeña proporción), de color claro, durante una de las expe diciones patrocinadas por el Smithsonian. Cuando se analizó con microscopio, se descubrieron en él ciertas estructuras, glóbulos de carbonato, idénticos a los producidos por bacterias. Esta roca recibió el nombre de ALH84001 (procedente de Allan Hills, ALH, recogida en 1984 y la muestra número 001 de las recogidas). Se le denomina "el meteorito marciano" y su análisis llevó a los científicos a sospechar que se formó durante un episodio volcánico, hace unos 4500 millones de años. La erupción catapultó la roca al espacio, por el que estuvo vagando hasta que la gravedad terrestre la hizo caer en la Tierra, concretamente en el Polo Sur. Se le considera formado en Marte por su cantidad de isótopo Nitrógeno 15, muy similar a la medida en la atmósfera marciana.

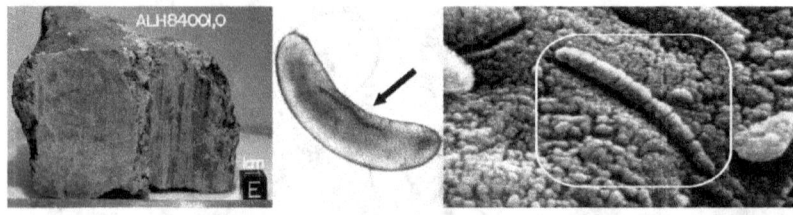

Figura 72.- "Meteorito marciano" junto a un cubo con letra E de 1cm de largo (escala). En el centro, cadena de magnetita segregada por ciertas bacterias, resaltada por una fecha. Dcha, supuesta cadena de magnetita resaltada por investigadores de la NASA que la consideran de origen biogénico, hallado en el meteorito. Este meteorito puede verse desde diciembre de 2017 en una exposición "Marte. La conquista de un sueño", espacio Fundación Telefónica en Madrid, hasta mayo de 2018 (luego pasará a la Comunidad Valenciana).

El 7 de agosto de 1996 la NASA publicaba las imágenes de ciertas ´cadenas´ (figura 71) encontradas en el meteorito ALH84001, así como glóbulos anaranjados de magnetita que consideraban generados por bacterias extremófilas, lanzando la arriesgada conclusión de que hace más de 13 millones de años (edad en la que los investigadores creen que cayó el meteorito, analizando el lugar del hallazgo), en Marte había bacterias extremófilas vivas. El alboroto generado fue tremendo y no tardaron en pronunciarse biólogos y geólogos asegurando que glóbulos de magnetita semejantes a las mostradas por la NASA se han encontrado en otras rocas terrestres, formadas naturalmente, de manera inorgánica, sin intervención alguna de seres vivos. Por otro lado, surgió a su vez una nueva línea de debate ¿Llegó el meteorito con las supuestas evidencias fósiles de microorganismos extraterrestres que lo habitaron en su día, o fue colonizado por microorganismos terrestres vivos cuando cayó, hace 13 millones de años, fosilizando sus restos después, ya en la Tierra? Posteriormente, transcurridos unos años, salía a la luz una nueva publicación científica evidenciando contaminación orgánica en la zona del hallazgo del polémico meteorito, que hacía ganar en importancia la posibilidad de la colonización por microorganismos polares del entonces meteorito inerte y sin presencia alguna de señales producidas por seres extraterrenos. La polémica sigue servida y nada concluyente puede sacarse del asunto. También otro meteorito fue objeto de atenciones, el denominado "meteorito Murchison" (por la localidad australiana donde se recogió el 28 de septiembre de 1969), en el que diversos investigadores han creído encontrar moléculas que podrían haber dado lugar a la formación de ácidos nucleicos, algo que de nuevo fue publicado en la revista científica *Nature* en 1970 con el sugestivo titular: «*Evidence for extraterrestrial amino-acids and hydrocarbons in the Murchison meteorite*» ("*Evidencia de amino-ácidos e hidratos de carbon extraterrestres en el meteorite Murchison*"). De nuevo, aunque parecen existir datos que corroboren la afirmación, igualmente existen otros que permiten sugerir una posible contaminación terrestre.

Un nuevo apoyo a la *Teoría de la Panspermia* llegaría de manos del llamado Proyecto Rosetta. Consistente en posar, el 12 de noviembre de 2014, la sonda Philae (cargada de artilugios para medir distintos elementos y parámetros) en la superficie de un cometa (concretamente el 67P/Churyumov–Gerasimenko), daría el respaldo más firme a la teoría de la Panspermia, al analizar sus componentes, pudiendo comprobarse que efectivamente presentaba elementos orgánicos simples (*protobiontes*) pero suficientes como para dar lugar a formas vivas más complejas (*eubiontes*) si las condiciones que encuentran son propicias. Por tanto, quedaba meridianamente demostrado que esta *teoría de la Panspermia* puede explicar el origen de la vida en nuestro planeta.

Supongo que el lector habrá reparado en que soy partidaria de explicar el origen de la vida tanto a partir de la teoría de "la sopa primigenia" de Oparin, como de la teoría de la Panspermia. Es así porque ambas ideas las encuentro convincentes y porque, al contrario de la mayoría de los autores que abordan esta cuestión, considero que la vida no se ha generado una única vez y a partir de ella, proliferó y se ramificó. Al contrario, si la *Teoría de la Evolución* que considero cierta posee un postulado inamovible es el que afirma que la evolución no está dirigida. Los seres vivos en todo momento despliegan un inimaginable abanico de posibilidades para propiciar un nuevo cambio evolutivo, un siguiente paso en complejidad. Por tanto, creo que la vida surgió una infinidad de veces, en las más variadas condiciones, y que únicamente los casos que se vieron favorecidos por el entorno lograron prosperar. Lo cual no impide que las siguientes formas en generarse, al encontrarse condiciones adversas, sucumbieran, acabando así en un callejón sin salida (y sin dejar testimonio fósil de ello) este intento por el desarrollo de la vida.

Con todo, no son únicamente dos las hipótesis existentes sobre el origen de la vida terrestre. Hay algunas más. Una de ellas es una variante de la teoría de Oparin, tras los últimos estudios de los sedimentos que señalaban una disponibilidad de oxígeno más alta de lo que se creía. Por ello, esta alternativa defiende que las primeras células y organismos vivos surgieron en ambientes hidrotermales, donde prevalecían condiciones reductoras, altas concentraciones de elementos químicos, elevadas temperaturas y las aguas eran altamente conductoras. Se la conoce como *Teoría de la Fuente Hidrotermal* porque desde que fueron descubiertos estos sedimentos en 1977 durante una campaña de exploración en los fondos marinos del Pacífico llevada a cabo por la Institución Oceanográfica de Woods Hole (Massachusetts, Estados Unidos) usando el ya famoso submarino teledirigido Alvin, no han cesado las sorpresas científicas al encontrar un cada vez más amplio repertorio de extrañas formas de vida que habitan en estas condiciones tan extremas y que van desde arqueas (microorganismos unicelulares) quimiosintéticas, hasta peces ciegos o mejillones dorados. Como en estas zonas se dan unas condiciones muy similares a las propuestas por Oparin ¿Pudo originarse aquí la vida? (William Martin et al., 2008). La clave es que la alta concentración química, de temperaturas y de presiones elevadas hacen estos medios muy energéticos a todos los niveles, lo que asociado a la gran cantidad de elementos esenciales pudo propiciar que los *probiontes* adquirieran la energía suficiente para pasar a *eubiontes*, autorreplicándose. Como indicaban los propios científicos en su trabajo citado: «*Existen sorprendentes paralelismos entre la química de la pareja redox H_2-CO_2 que está presente en los sistemas hidrotermales y las reacciones metabólicas energéticas centrales de algunos autótrofos procarióticos modernos* (previsiblemente muy similares a los primeros organismos aparecidos en el planeta). *La bioquímica de estos autótrofos podría, a su vez, albergar pistas sobre los tipos de reacciones que iniciaron la química de la vida. Las fuentes hidrotermales unen así la microbiología y la geología para dar nueva vida a la investigación sobre una de las cuestiones más importantes de la biología: ¿cuál es el origen de la vida?*».

Esta teoría sería completada por Matthew Dodd et al. (2016) proponiendo que el origen de la vida debió darse en una fumarola submarina con unas condiciones fisicoquímicas concretas, pasando a conocerse como la *Teoría del mundo hierro-azufre* (o ferro-sulfuroso), en su trabajo *"Evidencia de vida primitiva en las Fuentes hidrotermales más antiguas de la Tierra"* centrado en las fumaroles submarinas del Cinturón de Nuvvuagittuq (Quebéc, Canadá), estimando la aparición de la primera forma de vida hace unos 4.280 millones de años.

En oposición a este medio, nos vamos al otro extremo para la conocida como *Teoría Glacial*. Se basa en el hallazgo de un tipo de depósitos sedimentarios consistente en una acumulación de lascas de líneas afiladas denominadas "tillitas" y originadas en ambientes glaciares, para suponer que hace aproximadamente 3.700 millones de años toda la superficie terrestre se encontraba congelada. Los mares poseían una capa de hielo de espesor variable que protegía las aguas líquidas más profundas (y su contenido) de las dañinas radiaciones solares, así como del oxígeno libre y de otros gases que interaccionaban con la superficie terrestre.

Esta teoría se suele atribuir al paleontólogo suizo Jean-Louis R. Aggasiz, que fue el primero en proponer de manera seria y basándose en datos contrastables, que el pasado terrestre primitivo estuvo sometido a muy bajas temperaturas debido a que la intensidad de la energía solar era menor que en eras posteriores (*"Estudio sobre los glaciares"*, 1840). Lo paradójico del asunto es que en un principio, Aggasiz se proponía demostrar que las argumentaciones que el ingeniero suizo Ignaz Venetz public en 1821 sobre una etapa en la historia de nuestro planeta en la que los glaciares ocuparon mayor desarrollo del observado en el siglo XIX para los Alpes era falsa. No obstante, siguiendo las observaciones de su colega suizo no solo coincidió con él en hallar vestigios de presencia de glaciares en zonas donde en esos días no los había, sino que los estratos mostraban depósitos glaciares similares, a lo largo de diversos periodos, intercalándose con periodos más cálidos. El lado bueno de esta teoría es que hizo que numerosos sedimentólogos estudiaran los estratos de etapas glaciares a lo largo de la historia del planeta (figura 73) dando pie a la división de las cuatro etapas glaciares que actualmente conocemos para el Cuaternario, en ciclos glaciares/interglaciares de 100.000 años aproximadamente (de aquí se derivarían los ciclos de Milankovitch vistos en el primer capítulo de esta obra).

Otra de las teorías que tratan de explicar cómo se originó la vida en nuestro planeta es la llamada *Teoría del mundo de ARN*, como la calificó el Premio Nobel Walter Gilbert, en 1986. Básicamente se apoya en los trabajos que valieron el Premio Nobel de Química de 1989 a los investigadores de la Universidad de Yale, el canadiense Sidney Altman y el norteamericano Thomas Cech, al descubrirlos ribozimas, el ARN autorreplicante.

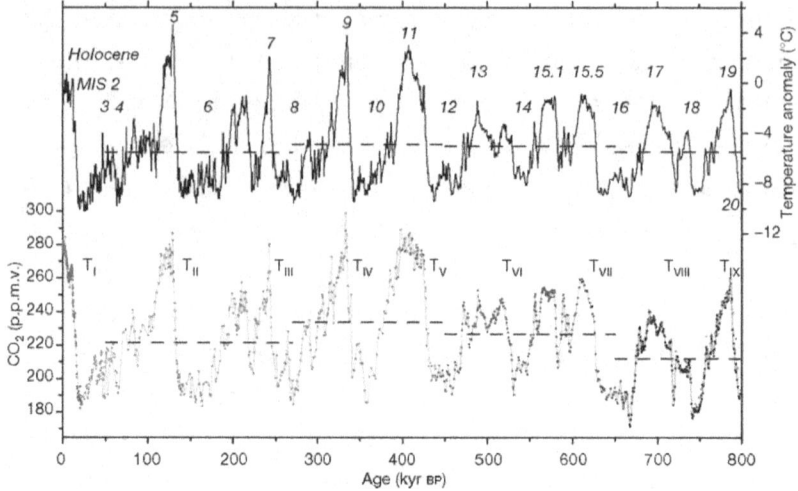

Figura 73.- Glaciaciones e interglaciaciones en los últimos 800 mil años, con variaciones de temperatura y de CO_2 atmosférico.

Esta teoría sostiene que las primeras moléculas orgánicas en formarse originaron este ARN peculiar que actuaba de manera catalítica como posteriormente harían las proteínas en el replicado de ADN, permitiendo que las células se replicaran. Este ARN esencial almacenaría información de manera análoga a como hace el ADN, de forma que pudo ir dando pie a que se evolucionara a una complejidad cada vez mayor generando distintas proteínas y posteriormente el mismo ADN en sí. Una mayor complejidad evolutiva terminaría dejando el papel del autorreplicado genético al ADN y a las proteínas, relegando al ARN a un papel de mero mensajero o papel copiante, ganando en eficiencia, sobre todo en los organismos complejos.

Como no podía ser de otra forma, en contraposición a esta aparente complejidad orgánica inicial está la *Teoría de los Principios Simples o Abiogénesis*, que considera que los primeros organismos vivos surgieron de sustancias inorgánicas que por medio de reacciones químicas generarían moléculas orgánicas inanimadas (aminoácidos) que por determinados procesos aleatorios y casuales darían lugar a las primeras formas de vida, sumamente simples, limitadas a meras células con sus paredes celulares a través de las que se intercambiaban distintos productos.

Sin embargo, no es difícil detectar cómo básicamente todas estas aparentes distintas teorías no dejan de ser derivaciones de la *Teoría de los Coacervados de Oparin*, con distintos matices, y de la *Teoría de la Panspermia,* una vez que se acepta que llegaran procedentes del espacio elementos tales como los aminoácidos (que ´con un pequeño empujoncito´ podrían dar lugar a las primeras formas de vida), o bien microorganismos con sus ADN plenamente formados y operativos, si seguimos las ideas de Crick.

Llegados a este punto, adentrémonos nuevamente en terrenos filosóficos para continuar con la cuestión del origen de la vida terrestre. Posiblemente una de las frases más célebres del premio Nobel Albert Einstein es la que dice «*Las casualidades no existen* (…), *Dios no juega a los dados con el Universo*», a lo cual un entonces joven y prometedor científico británico Stephen Hawking respondió: «*Einstein se equivocaba diciendo que Dios no juega a los dados con el universo. Considerando las hipótesis de los agujeros negros* (lugares tan masivos que atrapan todo lo que ronda a su alrededor, incluso la luz), *Dios no sólo juega a los dados con el universo: a veces los arroja donde no podamos verlos*». La eterna cuestión de la existencia o no de una inteligencia superior creadora de todo, volvía a la palestra. Y es que de acuerdo con Hawking (quién se ha reconocido siempre decididamente ateo), «*la teoría M no prueba que Dios no exista, pero lo hace innecesario. Predice que el Universo habría sido creado espontáneamente de la nada sin necesidad de un creador.*»

El problema, a mi entender, radica en el concepto que se tenga de deidad, pues si uno lee los escritos de Einstein se sorprenderá de la gran similitud que había entre su idea de Dios y el dios como Divino Geómetra milenario, sostenido por las Logias de Constructores de toda la Edad Media que tanto abundaron en la Península Ibérica y que posteriormente heredarían los Masones de la mano de los Templarios, mecenas de estas Logias. Es la misma idea que encontraremos en los sabios y filósofos de la Grecia clásica, muy distante de la idea del Dios predicado por las tres grandes religiones monoteístas. Similar idea tendrá Johannes Kepler de su deidad, el arquitecto de los cielos, cuando en sus obras se planteaba aquello de «*¿Por qué las cosas son como son y no de otra manera?*».

De esta forma, nuevamente, volvemos a toparnos con la religión, eterna enemiga de la Ciencia, para muchos, si bien para otros entre los que se incluye el Papa Francisco, no tienen por qué ser antagónicas. Sorprende que un físico que tanto ha hecho por conocer el Universo, sea tan declaradamente religioso. Einstein afirmaría «*Yo no creo en un dios personal y nunca lo he negado sino que lo he expresado claramente*». Iría más allá «*La palabra Dios (personal) no es para mí más que la expresión y el producto de las debilidades humanas*». Como siempre he sostenido, el gran Friedrich Nietzsche –uno de mis filósofos favoritos- siempre fue erróneamente interpretado, acentuándose aún más cuando muchos líderes nazis usaron numerosas sentencias del filósofo en provecho propio. Cuando Nietzsche proclamaba «*Dios ha muerto, viva el superhombre*», lo que a mi juicio pretendía hacer ver es que el Dios de las tres grandes religiones monoteístas se apoyaba en una idea infantil para idiotizar a los feligreses, para impedirles madurar, siguiendo con la mentalidad medieval de un Dios despiadado del Antiguo Testamento que castigaba fríamente si no se le rendía plena pleitesía. Nietzsche combatió vanamente contra esa idea toda su vida. El ser humano debía madurar, tomar las riendas de su vida y saber que estaba solo y totalmente dependiente de sus acciones para con la vida. Diría «*El que no puede dar nada, tampoco puede sentir nada*», de manera que cuanto menos miraras por tu propio egoísmo y más por el bien de tu comunidad y de tus vecinos, mejor irían las cosas a todo el conjunto. El filósofo se cansó de defender que ante las adversidades de la vida, antes que encogerse lastimosamente en una esquina rogando a un Dios severo clemencia si había hecho algo mal, debía afrontar el asunto de manera racional pues «*No hay razón para buscar el sufrimiento, pero si este llega y trata de meterse en tu vida, no temas: míralo a la cara y con la frente bien levantada.*» Añadiendo que «*Para crecer fuerte, primero se debe hundir las raíces en la nada, aprender a enfrentar la soledad más solitaria (…) debes estar dispuesto a quemarte en tu propia llama… ¿cómo puedes volverte un ser nuevo y fuerte si primero no se transforma en cenizas? (…) si quieres volverte sabio, primero tendrás que escuchar a los perros salvajes que ladran en tu sótano.*»

Pues bien, de igual manera, Einstein afirmó en cierta ocasión: «*No creo en el Dios de la Teología, en el dios que premia el bien y castiga el mal. Mi Dios creó las leyes que se encargan de eso. Su universo no está gobernado por quimeras, sino por leyes inmutables.*» Y es que para Einstein, «*la idea de un dios personal es completamente extraña para mí y me parece hasta ingenua*» (inmadura, matizaría Friedrich Nietzsche) puesto que dicha idea de dios personal se basa en la Biblia y para Einstein «*la Biblia es una colección de leyendas admirables, pero también largamente primitivas.*»

Está claro que para Einstein, el ser humano está solo en este mundo «*Me parece que la idea de un dios personal es un concepto antropológico que no puedo tomar en serio. Tampoco puedo imaginarme alguna voluntad o meta fuera de una esfera humana.*». Confesaría «*yo creo en el Dios de Spinoza quien se revela a sí mismo en la ordenada armonía de lo que existe, no en un Dios que se preocupa él mismo con los destinos de los seres humanos*». Cínicamente admitirá «*si las personas son buenas sólo porque temen al castigo y esperan una recompensa, entonces nosotros somos, de hecho, un lastimoso lote.*» No deja de ser la misma idea que Nietzsche luchaba por imponer, que el dios paternal de la Biblia, del Corán y del Talmud no hacía sino evitar que el ser humano madurara y se hiciera adulto, tomando las riendas de su vida. En ese momento, en el instante en que deseara asumir las consecuencias de cada una de sus decisiones para así lograr realizar sus objetivos y sueños respetando a sus semejantes, entonces sería el superhombre, o como Rudyard Kipling inmortalizó en su increíble poema «*Serás hombre, hijo mío*».

Por tanto, si ese concepto de dios que se empeña en preservarnos como débiles adolescentes atormentados ha muerto y el Hombre toma las riendas de su vida ¿Cuál es el Dios de Einstein, o era también ateo?. Él mismo nos sacará de dudas al dejar por escrito que «*yo soy un no-creyente profundamente religioso. Esto es de alguna manera un nuevo tipo de religión*» pues «*nunca le he imputado a la naturaleza un pro-*

pósito o un objetivo, o cualquier cosa que pudiese ser entendida como antropomórfica». No, su Dios va más allá que todo esto y es esta idea la que más me interesa.

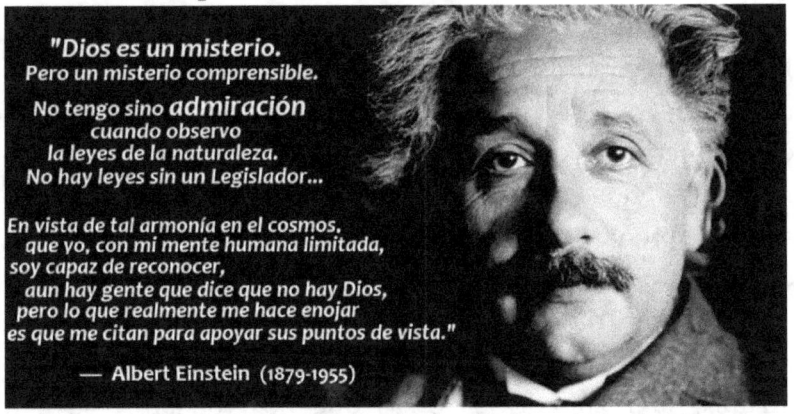

Figura 74.- Albert Einstein da a conocer su visión de Dios.

Para Einstein, Dios es el Divino Geómetra, el cerebro que se esconde tras la aparente perfección de la naturaleza y sus leyes que controlan todo este aparente caos en el que sin embargo, a poco que nos sumerjamos en él, comenzamos a encontrar leyes que rigen todo cuanto ocurre y que por la simple limitación de la mente humana, lo apreciamos como un mero caos cuando en verdad es una realidad ordenada, una máquina que funciona con una precisión asombrante.

Por ello Einstein da un giro de tuerca a sus precedentes. Por mucho que se haya deseado encumbrar a Sir Isaac Newton como gran científico empírico al margen de la castrante religión, la realidad es bien diferente. Newton era un obsesionado de la Alquimia, de la Transmutación de los elementos más mundanos en oro, y jamás prescindió de Dios; de hecho para él será la divinidad la encargada de hacer girar a los planetas en sus órbitas y el responsable de que los planetas de choquen entre sí ni con sus lunas.

No deseo restar a Newton importancia pero desde luego tampoco le atribuiré ideas que nunca tuvo, por mucho que científicos posteriores pretendieran hacer de él el científico agnóstico y empírico, ejemplo a seguir por todos. Einstein reconoce que la naturaleza es tan precisa y admirable, que por fuerza ha debido estar diseñada por un ente superior al que por supuesto le traen sin cuidado las mundanas vidas de los seres humanos, como a nosotros nos son indiferentes las vivencias de cada una de las hormigas de un hormiguero.

Como digo, esta idea la veremos a lo largo de la historia en los diversos personajes que se han atrevido a analizar la razón de las cosas que nos rodean y se han sorprendido al encontrar unas leyes tan perfectas que les han llevado a terminar admitiendo la necesidad de la existencia de una divinidad, una inteligencia superior a la nuestra, que las haya creado.

Y es que el Universo siempre ha sido un reto para el ser humano consciente, que veía en su conocimiento un camino hacia la libertad y la inteligencia. Lo más fascinante es que la gran mayoría de estas mentes brillantes que osaron intentar entender el Cosmos, cuánto más lo analizaban más convencidos estaban de la existencia de una mente superior que lo concibió y ordenó, al ser simplemente perfecto todo lo que llegaban a dilucidar del Universo.

Hubo una época inicial en la que el ser humano temblaba ante su sincronía. Respiraban cuando tras la inquietante oscuridad de la noche aparecía la luz y el radiante Sol, sintiendo remordimientos por alguna mala conducta cuando el cielo de la noche temblaba y centelleaba de tal forma que parecía querer desplomarse sobre sus cabezas y destruir todo lo real. Muchas creencias primitivas de vida después de la muerte nacieron de esa concepción: *"La luz después de la oscuridad"*.

Una de las primeras mentes inquietas por desenmarañar el Cosmos fue **Eratóstenes de Cirene**, que nació en el año 276 a.C., llegó a ser director de la Biblioteca de Alejandría (el mayor centro de saber de la época) y se convirtió en el primero que calculó la longitud de la Tierra. Un día leyó un papiro que decía que a las 12.00 horas del día 21 de junio, el día más largo del año, en Siena (actual Assuan) cerca del nacimiento del Nilo, una estaca colocada verticalmente no daba sombra (*«los rayos del sol llegaban a la Tierra perpendicularmente, comprobando que se reflejaban en el fondo de un pozo profundo»*), mientras que en Alejandría, ese mismo día a esa misma hora, todas las columnas daban sombra. Eratóstenes, un verdadero hombre de Ciencia, no dejó pasar sin investigar, esa noticia, que podía conducir a que la Tierra no fuera plana como se creía, sino redonda, ya que sería la única forma de justificar su observación de que las velas de los barcos redujesen su tamaño hasta desaparecer en el horizonte. Así que en Alejandría clavó una estaca del mismo tamaño que la referida en Siena y tras medir la sombra que daba, calculó que el ángulo de inclinación del Sol era de 360°/50, esto es 7,2°. Entonces envió a servidores para medir la distancia -en línea recta entre Alejandría y Siena, para asegurarse que seguían en el mismo meridiano-, calculándola en 5000 estadios (1 estadio equivale a 160 m). Dedujo que esa distancia tenía que ser igual a 1/50 de la circunferencia de la Tierra y de ello obtuvo la longitud de la "circunferencia terrestre" mediante sencillas multiplicaciones

50 × 5.000 = 250.000 estadios = 250.000 × 160 m = 40.000.000 m = 40.000 km (que era la longitud, L, que deseaba calcular)

Y aplicando la fórmula matemática de la longitud de la circunferencia L = 2πR, al conocer el valor de la longitud L y el valor de "π" (3,14159265..), se puede despejar el radio de la Tierra (R), obteniendo un valor de 6.366,19 km. Hoy se sabe que su valor real es de 6.378 km, de manera que no deja de resultar sorprendente cómo utilizando herramientas primitivas, Eratóstenes dedujo hace 2300 años la longitud del radio de la Tierra con un error inferior al 1%. Fue uno de los primeros descubrimientos en el camino hacia el conocimiento del Universo actual y hubo muchos más en la Biblioteca de Alejandría. Por ejemplo, **Hiparco de Nicea** (nacido el año 150 a.C.) estudió el brillo de las estrellas y construyó el primer mapa de las constelaciones, señalando que las estrellas nacían y morían; también dividió el día en 24 horas de igual duración, adelantándose a su tiempo ya que hasta que en el siglo XIV se inventó el reloj mecánico, la duración del día variaba con las estaciones (su reloj, basado en diferentes recipientes de agua no solo daba la hora exacta, sino que igualmente decía cuándo salía y se ponía el sol según las estaciones; supuso toda una maravilla para la ciudad de Alejandría, que atraía a miles de visitantes; igualmente instaló en los Juzgados unos recipientes dotados de una abertura inferior por la que salía el agua, garantizando que cada parte a declarar dispusiera de los mismos minutos para su alegato). Midiendo eclipses lunares, mejoró la distancia entre la Tierra y la Luna que había calculado **Aristarco de Samos** (310 a.C.). Aristarco afirmaba que la Tierra giraba alrededor del Sol, contradiciendo la teoría de **Eudoxo de Cnido** (408 a.C.) que defendía que la Tierra estaba en el centro, teoría compartida por Aristóteles (Eudoxo indicó que la duración del año era mayor en 6 horas a los 365 días; otro logro de la antigüedad, considerar la duración del año casi como nosotros hoy día). Hiparco aceptó la teoría de Eudoxo, aceptando la Tierra como centro de la creación.

Por su parte, el gran astrónomo **Claudio Tolomeo** (nació alrededor del año 100 d.C. en Alejandría), estudiando los mapas de las constelaciones de Hiparco, todas las estrellas -incluyendo Sol y la Luna- estaban en una esfera lejana que giraba circularmente (el círculo representaba la perfección para los griegos) alrededor de la Tierra, ubicada en el centro de su Cosmos. Sin embargo, como el movimiento no era ni circular ni uniforme para algunos de los astros conocidos (Venus, Mercurio, Marte, Júpiter..), asumía que algunos astros orbitaban alrededor de un punto que a su vez orbitaba alrededor de la Tierra, igual que el Sol. Así, mientras el Sol se movía alrededor de la Tierra, Venus y Mercurio se movían alrededor de él en sus propios círculos.

No era una teoría convincente, ya que no cuadraba con las sucesivas mediciones, más precisas, de las posiciones de los planetas (recordemos que la Biblioteca de Alejandría incluía un observatorio entre sus instalaciones), por lo que tuvieron que ir introduciéndose correcciones adicionales. Sin embargo, a pesar de los graves fallos, con la caída del Imperio Romano y el resurgir de la religión católica, que aceptaba como dogma de fe a la Tierra como centro del Universo, durante la "edad oscura" fue la teoría de Tolomeo la que imperó en Europa hasta el siglo XVII, siendo perseguido y juzgado cualquier pensador o astrónomo que defendiera lo contrario. Recordemos a **Giordano Bruno**, quemado en la hoguera en el 1.600 por difundir el modelo de Copérnico y aceptar la posibilidad de vida en otra parte del Universo. Esta idea daba por válida la *Teoría de la Panspermia*, lógicamente.

Durante todo el Medievo las esferas cristalinas de Tolomeo dominaron todo el saber científico. Había un cielo o esfera para la Luna, para el Sol, para Mercurio, para Venus, para Marte, para Júpiter, para Saturno y para las estrellas fijas; estos siete cielos o esferas giraban circularmente alrededor de la Tierra como centro del Universo (modelo Geocéntrico) y así se mantuvo hasta que en 1.543 un clérigo polaco, **Nicolás Copérnico,** cambió ese modelo, colocando al Sol y no a la Tierra en el centro del Universo (modelo Heliocéntrico), lo que explicaba mejor el movimiento de los planetas.

Rápidamente le llovieron duras críticas; incluso Martín Lutero rechazó duramente su teoría calificándole de «*astrólogo advenedizo*» y escribiendo: «*Este estúpido quiere trastocar toda la ciencia astronómica. Pero la Sagrada Escritura nos dice que Josué ordenó pararse al Sol y no a la Tierra*». Pronto, en 1.616, la Iglesia Católica ordenó que su libro "*Sobre las revoluciones de los orbes celestes*" se incluyera en la relación de libros prohibidos, donde permaneció hasta 1.835. Fueron muchos los sabios a los que ofendió con su teoría, aunque sus más allegados afirmaban que el mismo Copérnico no la creía, que sólo pretendía ajustar el movimiento de los planetas. Hay que entender que en aquella época se creía que los cielos estaban habitados por ángeles y demonios y que la mano de Dios hacia girar las esferas de cristal (de igual forma, Newton consideró siempre que era la mano de Dios la que impulsaba a los astros en sus órbitas elípticas, evitando que se salieran de ellas). No había sitio para la expe rimentación ni para leyes científicas. Cualquier intento de cambiar la teoría geocéntrica estaba castigado por la religión católica y la protestante con la humillación, el exilio, la tortura o la muerte. Así, Copérnico tuvo que sufrir una rígida disciplina y aislamiento. De hecho, supo proteger sus ideas, ya que las publicó sólo al final de su vida.

Y en esta época, en la que las formulaciones eclesiásticas encadenaban la mente y la inteligencia, nacía en 1.571 en la alemana población de Ratisbona, **Johannes Kepler**. Estudió en los seminarios protestantes de Adelberg y Maulbronn, y después en la Universidad de Tubinga, donde conoció el modelo Heliocéntrico de Copérnico. Gran pensador y brillante matemático, tenía verdadera obsesión por la Geometría de Euclides. Afirmaba que «*La Geometría existía antes de la creación. Es co-eterna con la mente de Dios (…) La Geometría ofreció a Dios un modelo para la creación (…) La Geometría era Dios mismo…*». En 1.594, abandonó la carrera teológica al aceptar la plaza de profesor de Matemáticas en Graz, Austria. Sin embargo, Kepler no resultó buen profesor pues se perdía en divagaciones y a veces era totalmente incomprensible. El primer año tuvo media docena de alumnos, el segundo ninguno. En su época sólo se conocían los 6 planetas anteriormente señalados, por lo que Kepler se preguntaba ¿Por qué sólo seis? También se conocía la existencia de los cinco sólidos regulares. Kepler intentó resolver los problemas relacionados con las órbitas circulares de los 6, planetas relacionando los intervalos entre las órbitas de los planetas con los cinco sólidos regulares, partiendo de la base pitagórica de que el mundo se rige en función de una armonía preestablecida. Expuso los resultados en su primera obra, "*El misterio cosmográfico*", publicada en 1596, pero su teoría no encajaba bien en sus observaciones. Sólo había un hombre que disponía de observaciones más exactas, el noble danés **Tycho Brahe**, matemático imperial del emperador Rodolfo II, con el que mantuvo correspondencia. Brahe era el mejor observador del Universo y Kepler el mejor matemático, de ahí que, por sugerencia del emperador, Kepler fuera invitado por Brahe a Praga en 1600. De entrada no aceptó, pero con la guerra de los treinta años el archiduque católico de la zona prohibió a todos los protestantes ejercer de maestros, lo que facilitó su marcha a Praga. La sociedad con Brahe no prosperó debido a la ausencia de confianza entre ambos. Brahe era un personaje extravagante que llevaba una nariz de oro tras perder la suya en un duelo. Siempre estaba rodeado de aduladores, parásitos, inútiles ayudantes que le acompañaban en una vida bulliciosa e intrigante en la que no cabía el piadoso Kepler y en la que solía recibir mofas. Estaba claro que Brahe no iba a regalarle el trabajo de su vida a un posible rival, mucho más joven. Tras la muerte de Brahe, por sus excesos de vino y comida, Kepler ocupó su plaza de matemático imperial de Rodolfo II, con el objetivo de acabar las tablas astronómicas de Brahe. Ahora sí, con acceso a los datos y observaciones de éste, Kepler comprobó que anulaban los resultados expuestos en *"El misterio cosmográfico"*, aún más tras los descubrimientos de los planetas Urano, Neptuno y Plutón.

Como no había más sólidos regulares que permitieran calcular la distancia de la Tierra al Sol, el matemático estudió las últimas observaciones de Brahe de las órbitas de Marte puesto que eran las más difíciles de encajar en una órbita circular. Tras muchas noches de insomnio en las que le costó admitir la imperfección de la órbita circular de la Tierra (La Tierra era un planeta más, imperfecto, arrasado por guerras, pestes y hambre... «*¿Por qué las órbitas de los planetas tienen que ser perfectas..?*», dejó anotado) y tras meses de auténtica pesadilla en los que probó todo tipo de curvas para el movimiento orbital, una noche desesperada probó la fórmula de una elipse que encontró en una publicación de **Apolonio de Pérgamo**, matemático de la Biblioteca de Alejandría. Encontró que las mediciones de Brahe encajaban correctamente. Tras la euforia inicial, aplicó esta fórmula a las sucesivas observaciones de otros planetas, encontrando que se desplazaban en órbitas más o menos elípticas y publicando sus resultados en 1,609, en su obra *Astronomia nova* ("*Nueva astronomía*"), que recogía sus dos primeras leyes, relativas a la elipticidad de las órbitas y a la igualdad de las áreas barridas, en los mismo tiempos, por los radios que unen los planetas con el Sol.

Por culpa de la peste, en 1611 fallecieron la esposa de Kepler y uno de sus tres hijos. A la muerte de Rodolfo II se fue a Linz donde trabajó como profesor de Matemáticas hasta 1626. Allí publicó en 1619 su *Harmonices mundi* ('*La armonía de los mundos*') donde recogía su tercera ley, que relaciona numéricamente los períodos de revolución de los planetas con sus distancias medias al Sol. La presentó como una armonía más de la naturaleza, tras haber relacionado la astronomía, la música y la geometría. En 1.628, tuvo nuevamente que huir a Sagan (Silesia) por el clima de inestabilidad contra los protestantes. Pasaba verdaderas penurias económicas, falleciendo poco después a causa de unas fiebres.

Dejó inacabados unos estudios sobre las fuerzas magnéticas entre los planetas, que posiblemente hubieran concluido en el concepto de la gravedad, que 36 años después descubriera Newton. Con todo, en este manuscrito inacabado muestra una innovación experimental impresionante. Con sus leyes, Kepler abrió el Universo a los viajes interplanetarios. De hecho, en su libro *"Somnium"* (*'El Sueño'*) imaginó un viaje hacia la Luna y a los viajeros contemplando desde allí la Tierra.

Hasta aquí su faceta científica pero, ¿qué hay de la espiritual?. Profundamente religioso, concebía a Dios como "el Divino Geómetra" que más tarde tomaran los Masones y otras sociedades secretas. Él a su vez tomó la idea de los sabios de la Grecia Clásica, espiritualidad que podemos rastrear en su obra *"Misterium Cosmographicum"* o *"El misterio cosmográfico"*, donde analiza el esquema geométrico de nuestra galaxia, el Sistema Solar, del sabio griego Platón, complicándolo al añadir las órbitas elípticas y otras observaciones astronómicas. Kepler señalaría «*Siempre quise ser teólogo, pero ahora reparo que gracias a mi esfuerzo, Dios puede también ser ensalzado mediante la astronomía*».

A pesar de sus nuevas observaciones y ajustes de las órbitas mediante elipses, Kepler jamás abandonaría la visión de la cosmología platónica poliédrica-esferista, pues en su segunda parte de *"Misterium Cosmographicum"* publicada en 1621 (25 años después de la primera parte), se explayó en correcciones y explicaciones de su cosmología más compleja, ocupando la misma extensión que su primera obra pero sin abandonar las ideas platónicas. Todo ello para afianzarse cada día más en la existencia de un dios creador de todo, un Divino Geómetra.

Con todo, y sin restar un ápice de reconocimiento a la genialidad tanto de Kepler como de Einstein debo admitir que me inclino más a pensar como el sufrido Nietzsche. Estamos solos en este Universo y si las leyes han sido así de precisas y constantes es porque todo aquel objeto que no cumpliera los requisitos indispensables terminaría desapareciendo, ya fuera engullido por un agujero negro, colisionando contra la superficie de un planeta al ser atraído por su gravedad, o extinguiéndose, al no haber sido capaz de adaptarse a las condiciones del medio ambiente en el que se encontraba. Por tanto, las leyes se han ido creando y perfeccionando con el transcurrir del tiempo, no porque ninguna mente superior las diseñara así desde el principio. Igual que aprendemos a montar en bicicleta, llevándonos muchos golpes si no somos capaces de dar con el punto de equilibrio o con la velocidad concreta de pedaleo, así se va gestando una ley física. A base de eliminar errores hasta que finalmente lo que queda es simplemente perfecto. Esta misma idea la extrapolo a la evolución y al origen de la vida.

Son muchos los científicos que han defendido y defienden que una especie de milagro ocurrió en nuestro planeta al darse en una sola ocasión la bilateralidad y que a partir de entonces se permitió generar seres cada vez más complejos, dotados de un cordón vertebral que les proporciona una simetría, hasta llegar a nosotros (José Luis Sampedro, 'Deconstruyendo a Darwin'). Tal es así que esta idea, tomada ya como dogma de la evolución, ha llevado a miles de investigadores a volcar todos sus esfuerzos en la búsqueda de un curioso personaje al que llaman LUCA y en el que vamos a centrarnos a continuación.

Tal denominación, en realidad es un acrónimo –es decir, una palabra formada por las iniciales de otras- de la expresión *Last Universal Common Ancestor* que se refiere al primer ancestro común a todos los organismos vivientes, otorgándole unos 4 mil millones de años de antigüedad.

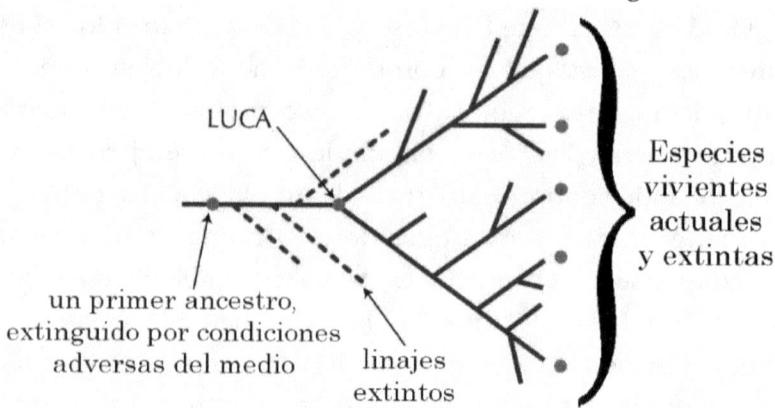

Figura 75.-LUCA, el ancestro más antiguo común a todos los seres vivos terrestres que han existido y existirán, de acuerdo con los paleontólogos y biólogos.

Al ser el primero, del que evolucionaron todas las demás formas de vida conocidas (y las que conoceremos en un futuro, tras hallar sus restos fósiles o nuevas especies aún no descritas científica y oficialmente), debe cumplir unos requisitos indispensables, básicos. Por ejemplo, que al ser el precursor de los seres complejos y de los más simples, por fuerza deberá poseer una simpleza similar a los microorganismos más elementales conocidos. Pero, ¿qué decir de su anabolismo? ¿Debe ser autótrofo (capaz de fabricar su propio alimento a partir de materia inerte, como hacen las plantas a partir de las sales minerales y de la energía solar, fabricando su alimento al transformar las sustancias químicas inanimadas en moléculas orgánicas complejas) o heterótrofo (se alimenta de otras sustancias ajenas, por lo general realizada por otros seres vivos, como los herbívoros se alimentan de las plantas)? De acuerdo con la *Teoría de los Coacervados* de Oparin, necesariamente debería ser un procariota (forma simple, sin núcleo aislado del resto, de forma que todos sus elementos incluyendo su material genético puede moverse libremente por toda la célula u organismo). Aquí encontramos otra peculiaridad de nuestro LUCA, la existencia de una membrana o pared celular que lo aísle del medio en el que se encuentra. Si es heterótrofo, tomó su alimento a partir de "la sopa primigenia". En esto también parecen coincidir los partidarios de la *Teoría de la Panspermia* y de las derivaciones de la *Teoría de los Coacervados* (optando por originarse en mares glaciares o en fuentes hidrotermales sumergidas). En todas estas alternativas, el organismo primitivo LUCA se mantiene protegido de los rayos solares y por tanto, no puede recurrir a la energía solar. Por ello en todos los casos son *procariotas quimiolitótrofos* y además de *anaeróbicos* (sobreviven en ausencia de oxígeno libre disponible), son *extremófilos,* dado que su paraíso idílico se encuentra en condiciones sumamente adversas de presión, temperatura y pH.

Esta idea tiene tantos defensores como detractores. Mientras para unos, LUCA sería efectivamente heterótrofo, para otros sería autótrofo, empleando la energía geotérmica como alternativa a la solar para producir sus sustancias orgánicas indispensables para sobrevivir.

Como escribe Michael Crichton en su famosa obra *"Jurassic Park"*, «*la vida se abre camino*» de manera que llegará un momento en el que entre tanto microorganismo autótrofo, algún tipo de mutación o simplemente la fuerte competición por los nutrientes lleve a alguno de ellos a devorar a otro, comprobando no sólo que le gusta, sino que su metabolismo continúa funcionando sin problemas.

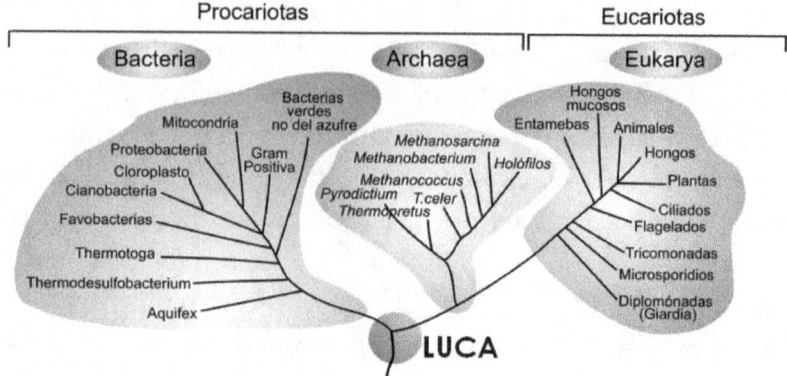

Figura 76.-Árbol filogenético de la vida en la Tierra, con los tres dominios principales distinguidos por los científicos: Bacteria, Archaea y Eukarya.

De esta manera harán acto de presencia los organismos heterótrofos. Igualmente surgirán los primeros seres fotosintéticos (por ejemplo, los seres más antiguos de los que se tiene constancia que continúan aún habitando nuestro planeta y a los que se les hace responsable de propiciar condiciones menos extremas al fijar el carbono del monóxido y dióxido de carbono, junto con otros elementos, produciendo depósitos de carbonato denominados "estromatolitos" son las *cianobacterias*, microorganismos fotosintéticos coloniales que se consideran que derivaron de otras cianobacterias parecidas, anaeróbicas).

Al ir tomando estos gases y otros perniciosos del aire, fijándolos en forma de sedimentos y liberando oxígeno y CO_2, la atmósfera o las atmósferas que se fueron sucediendo fueron aminorando progresivamente su carácter reductor, permitiendo la presencia de oxígeno libre, que a su vez fue reaccionando con sulfuros y otras sustancias dando lugar a sales químicas y sustancias más básicas. De esta manera los investigadores justifican que los primeros depósitos con presencia de oxígeno en forma del mineral hematites u oligisto (Fe_2O_3), así como limonitas y otros sedimentos tengan una antigüedad de unos 1.800 millones de años estimando que para entonces el porcentaje de oxígeno libre en la atmósfera rondaría el 1%, y el 2,1% cuatrocientos millones de años más tarde.

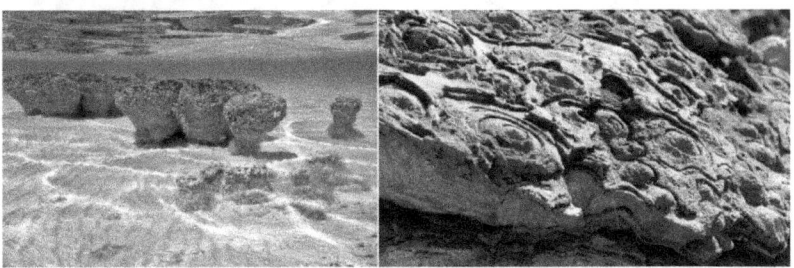

Figura 77.- Los estromatolitos más antiguos hallados en el registro fósil datan del 3.800 millones de años aproximadamente y están en Warrawoona (Australia). Sorprendentemente son idénticos a los formados en la Bahía Tiburón (Shark Bay) de Australia por cianobacterias vivas actualmente.

Otra característica de LUCA es que posee su material genético codificado de una manera tal que le permite reproducirlo por sus propios medios. Aquí es donde interviene el ARN autorreplicante que generará las proteínas (enzimas) como catalizadoras para un futuro replicado más complejo, a la vez que genera la doble hélice de ADN y el ARN pasa a relegarse al papel de mero mensajero de este complejo proceso.

De acuerdo con esta idea sería este ARN peculiar (ribozimas) descubierto por Sidney Altman y Thomas Cech el precursor del ADN. Digo esto porque con este pequeño pero gran matriz, nuestro LUCA se convertiría efectivamente en el precursor de todos los seres (¿vivos?) de este planeta, es decir, también de los virus.

La razón por la que cuestiono lo de vivos, lo veremos unas páginas más adelante, para evitar desviarnos del intento por esbozar a LUCA, al antecesor más antiguo de toda forma de vida terrestre.

Como se observa en la figura 75, cuando hablamos de ´nuestro LUCA´ y de todas sus características que pasarían a heredar el resto de seres vivos debemos suponer que no se dieron en un único ser o microorganismo, sino que se sucedieron miles o millares de ellos, que por unas circunstancias o por otras fueron pereciendo pero que lograron transmitir sus ´avances´ hasta que todos ellos acabaron en una especie (a su vez con miles o millones de individuos de los que un porcentaje perecería) que logró ser la antecesora del resto de familias y seres vivos.

Hablábamos antes de la membrana que separaba a este organismo de su entorno. En un principio esta ´separación´ sería mínima, permitiendo el paso de numerosas sustancias de las que se alimentaba y que permitían que se produjeran los intercambios iónicos necesarios para que este coacervado pasara de ser un pseudo ser vivo a ser un ser vivo pleno, un procariota. Pero conforme estos seres iban evolucionando y sobre todo, una vez que se transformaron en seres autótrofos, la membrana necesariamente debió modificarse, siendo selectiva con las sustancias o iones que permitía pasar a su través y de cuáles aislarse. Una vez convertido en un ser autótrofo, relativamente aislado del entorno, en cierto sentido autosuficiente y sobre todo, con un extraordinario potencial para adaptarse a las condiciones más extremas, LUCA pudo derivar en otros microorganismos que se permitían aventurarse en el amplio mundo por estrenar y descubrir, lleno de hábitats (lugares concretos de la superficie de la Tierra, definidos por unas características específicas) en los que instalarse y a los que adaptarse, surgiendo toda una amplia gana de nichos ecológicos (término que alude tanto al espacio físico ocupado por una especie, como su relación con el ecosistema, abarcando las maneras de alimentarse, de protegerse de otras especies, etc). Comenzaba así la evolución de la vida en nuestro planeta.

Llegados a este punto conviene aludir a otra gran anomalía observada en el registro fósil. Se tilda de anomalía pues aún no están conveniente ni satisfactoriamente entendidas las causas que la motivaron. Se trata de la denominada "explosión cámbrica". Se llama así por el periodo de tiempo en el que ocurrió, el Cámbrico, esto es entre los aproximadamente 542 y los 485,5 millones de años de antigüedad.

El nombre de "explosión" se debe a que no existe mejor manera de explicar lo observado en los estratos, que es una una verdadera radiación de casi cualquier forma de vida imaginable. Es tal su magnitud, que ha servido para distinguir el inicio del Cámbrico. Se han escrito tantos artículos y libros sobre la posible explicación a este fenómeno, como de las posibles explicaciones a la masiva extinción ocurrida al final del Pérmico. El Cámbrico es el primer piso de la denominada Era Paleozoica y el Pérmico, el último. Mientras que esta era se inicia con una explosión de formas de vida, finaliza con la mayor extinción ocurrida en toda la historia de la Tierra, desapareciendo cerca del 97% de todas las formas que existían. Y ninguno de los dos fenómenos, como digo, ha sido plenamente explicado. En todas las hipótesis dadas quedan flecos que no parecen justificarse.

Pero en fin, regresando a esa explosión de vida cámbrica, es precisamente en ese momento cuando se supone que se creó la bilateralidad, por algún tipo de mutación en los organismos que entonces había. De acuerdo con el registro fósil, éstos carecerían de exoesqueleto o formas duras y fosilizables, de manera que únicamente podemos llegar a deducir sus morfologías y elementos, a través de las huellas que han dejado marcadas en lascas de grano tan fino que preservó detalles mínimos que de otra manera se hubieran perdido para siempre. Es por ello que se considera la existencia de un primer evento evolutivo mucho tiempo antes de la explosión cámbrica, que dio lugar a esos primeros seres de los que se tiene constancia y que conforman la denominada "biota de Ediacara". Ediacara es un yacimiento fósil en Adelaida (Australia), descubierto en 1946 por el geólogo australiano Reginald C. Sprigg, que gracias a la preservación de marcas dejadas por cuerpos blandos (figura 78) nos ha permitido conocer un mundo de seres extraños que alcanzaban desde pequeños milímetros hasta más de un metro de longitud y que mostraban morfologías radiales, planas o incluso compuestas por espirales de varios radios, que acabaron extinguiéndose en un 97%.

Gracias a este yacimiento –y otros contemporáneos que se fueron hallando posteriormente- se pudo conocer que hace 600 millones de años ya existían miembros del filo Cnidaria (incluye animales acuáticos con células que generan sustancias urticantes, como las medusas o las anémonas), del filo Porífera (al que pertenecen las actuales esponjas, por ejemplo) o incluso un filo totalmente extinto, llamados 'Vendozoa'. Como vemos, era un mundo de seres que estaban adaptándose a las condiciones del medio y que por diversos motivos, terminaron extinguiéndose.

Figura 78.- las láminas del yacimiento Precámbrico de Ediacara nos ha permitido conocer todo un mundo de seres pluricelulares existente en una antigüedad de entre 635 y 542 millones de años.

Ahora bien, algo que trae de cabeza a los paleontólogos es que, al analizar las marcas de organismos "adiacaros", aunque escasos, sí se han encontrado animales con simetría bilateral.

Hasta ahora se consideraba que la explosión cámbrica (542-485,5 millones de años de antigüedad) se debió precisamente a que surgió la simetría bilateral. Pero si ya existían en el Precámbrico, en tiempos de la biota de Ediacara, organismos con este tipo de simetría ¿Atenderá a otro motivo la enorme radiación de formas vivas del Cámbrico, o bien ocurrió como los mamíferos que ya existían en tiempos de los dinosaurios pero fue necesario que ocurriera la extinción de estos grandes saurios para que los mamíferos crecieran y se diversificaran en los siguientes millones de años que siguieron? Esta idea podría verse respaldada por la masiva extinción de las especies de Ediacara, si bien es cierto que para que quedara plenamente aceptada, todas las especies que carecieran de simetría bilateral deberían haber perecido poco tiempo después (siempre geológicamente hablando, lo que incluye miles o unos pocos millones de años) pasando el relevo a los seres bilaterales, algo que por desgracia no ocurre en el registro fósil. Es más, existe un tipo de peces sobradamente conocidos y distribuidos por los océanos, que si bien nacen con simetría lateral, la van perdiendo a lo largo de su crecimiento a favor de una simetría plana. Me estoy refiriendo al orden de peces Pleuronectiformes, entre los que se incluyen los lenguados y rodaballos, entre otros. Parece, pues, que otras simetrías diferentes a la bilateral no eran tan ineficaces, después de todo.

La simetría bilateral supone que si dividimos imaginariamente a un ser vivo por un plano longitudinal, obtendremos dos mitades simétricas, como si una de ellas fuera el reflejo en el cristal de la otra. Esto supuso un avance evolutivo para ganar en complejidad, permitiendo un mayor desarrollo del sistema motriz y del sensorial, pudiendo dar lugar a la aparición del cerebro. Es el caso de la mayoría de animales que viven hoy día, tales como los mamíferos, los peces o los insectos. No obstante, no es menos cierto que siguen persistiendo seres carentes de simetría (por ejemplo las esponjas), o con simetría plana (algunos gusanos) e incluso con simetría radial (por ejemplo las estrellas de mar y las anémonas, entre otros).

Curiosamente, si tratamos de ser objetivos con estos hechos, nos veremos obligados a concluir que estos tipos de simetría no bilateral han resultado ser más eficaces –aunque sea como adaptación en determinados medios- que la biteralidad, dado que llevan existiendo desde tiempos de la biota de Ediacara. Pero es que aquí no acaban los problemas, más bien comienzan.

Según Jaume Baguñà et al. (2002), actualmente, los animales con simetría bilateral son el 98% de todos los existentes y de acuerdo con los datos paleontológicos, morfológicos, embriológicos y moleculares, se acepta que la bilateralidad derive de un ancestro con simetría radial, hace aprox. 570 millones de años, en la explosión cámbrica. Dicho así, no parece haber mayor problema, de manera que profundizaremos un poquito más en cuestiones biológicas y morfológicas. Los organismos radiales, simples, únicamente poseen en su cuerpo dos capas principales, el ectodermo (que constituye el esqueleto o capa externa del individuo, protegiéndolo del entorno) y el endodermo o capa interna que forma sus distintos órganos y elementos. Al aparecer la simetría bilateral, con ella apareció una tercera capa, ubicada entre las dos citadas y de ahí que se la denomine mesodermo. Así las cosas, Jaume Baguñà et al. (2002) se plantean lo siguiente «*La transición entre radiales diploblásticos y bilaterales triploblásticos es aún el enigma más importante que tiene planteada la evolución ¿Cómo se originaron los ejes anteroposterior y dorsoventral, la simetría bilateral y el mesodermo a partir de organismos con un solo eje axial, varios planos de simetría y dos hojas embrionarias?*». Para responder a la cuestión recurren al análisis embriológico de diversos organismos que ya existían en la fauna de Ediacara como Cnidaria, por ejemplo. Analizan las alternativas dadas a la cuestión hasta ahora y añaden nuevos datos genéticos que demuestran que la filogenia actual basada en las diversas simetrías no se sostiene, encontrando grupos considerados hasta ahora, que no son naturales sino creados artificialmente por los criterios de los investigadores. En fin, que para los interesados en esta cuestión aconsejo leer el interesante trabajo, disponible on-line.

Sinteticemos hasta ahora las principales ideas vistas. La cuestión del origen de la vida en nuestro planeta ha sido recurrente a lo largo de la historia, recibiendo las más variadas explicaciones, que iban desde la generación espontánea a partir de elementos inanimados, hasta que hace miles de años antes de que apareciera el ser humano, cientos de esporas o semillas se diseminaron desde el espacio por toda la faz de la Tierra, colonizándola y diversificándose. Una vez que el ruso Alexander Oparin propuso su *Teoría de los Coacervados*, creándose formas orgánicas a partir de un caldo de cultivo (o sopa primigenia) de sustancias inorgánicas, aparecieron variantes a esta teoría ubicando esta aparición de las primeras moléculas orgánicas en los lugares más extremos (fumarolas volcánicas subacuáticas, profundidades de mares con su superficie helada, etc). A su vez, la *Teoría de la Panspermia* o llegada de microorganismos, de las moléculas orgánicas o de sus antecesoras desde el espacio, a bordo de meteoritos, iba ganando adeptos y posibilidades, especialmente al conocer la existencia de determinados organismos extremófilos y sus ´heroicidades´. Estas primeras moléculas u organismos alienígenas encontraron condiciones aptas para que se multiplicaran y acabaran dando lugar a la infinidad de vidas que se conocen.

De todos estos seres vivos aparecidos en la Tierra debió existir una especie que actuó como antecesor común a todos ellos y que es conocido como LUCA. Las investigaciones científicas prosiguieron y de nuevo se aceptó por consenso que hubo un momento crítico en la historia de la vida terrestre en el que por alguna razón que aún no aceptamos a comprender, los microorganismos simples pasaron a desarrollar la bilateralidad como mutación, ya en los primeros estadios evolutivos (pues, aunque en minoría, se encuentran organismos con simetría bilateral en las lascas de Ediacara). Esta innovación morfológica permitió la explosión de formas de vida complejas unos millones de años después, en la denominada "explosión cámbrica", y de nuevo científicos como Stephen Jay Gould o Lynn Margulis (que estuvo casada con Carl Sagan), se devanaron las ideas hasta la extenuación para tratar de explicar qué pudo ocurrir para que por única vez en toda la historia de la vida de nuestro planeta, ocurriera ese ´milagro´ que permitió a la vida florecer exponencialmente en toda una infinidad de formas de vida sumamente complejas (bilaterales triploblás- ticos), partiendo desde unos simples microorganismos y formas elementales no bilaterales dotados de únicamente dos capas (diplobásticos).

Margulis, un verdadero genio, desde siempre se sintió atraída por la biología. Su acierto radicó en su forma de considerar a las diversas bascterias, que por entonces únicamente se creían la causa de todo tipo de enfermedades. Margulis, mediante el análisis microscópico de la fisiología de los diversos tipos de microorganismos comenzó a esbozar en su cabeza una hipótesis muy diferente a las que hasta el momento se estaban desarrollando en universidades de todo el mundo. Ella partió de la suposición de que efectivamente muchas de las bacterias conocidas son parásitas, viviendo a expensas de células del organismo en el que se aloja. Entonces, si un organismo procariota hubiera mezclado – intencionadamente o no- su carga genética con una bacteria, y en la siguiente generación se hubiera mezclado con otro tipo de bacteria (quimiótrofa, fotosintética, etc), y así durante varias generaciones, ¿podría haber sido posible que se llegara a originar un organismo heterótrofo antecesor de todas las formas animales (explosión cámbrica), y un organismo autótrofo del que habrían podido evolucionar todas las especies vegetales, tal como se muestra en la figura 79?

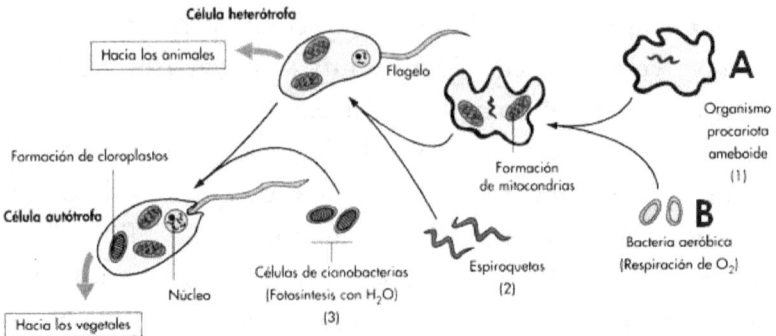

Figura 79.- Lynn Margulis, licenciada con tan solo 20 años, enunció su teoría del surgimiento de la bilateralidad considerando que en algún momento se cruzaron genéticamente organismos procariotas tipo ameba, carente por tanto de simetría (A), con distintas bacterias (B). Estas últimas fueron aportando los distintos orgánulos necesarios para que los procariotas pasaran a ser eucariotas, incluso fotosintéticos.

A esta teoría se la conoce como *endosimbiosis* (esto es, simbiosis o unión interna, pues todas las modificaciones se producen en el interior de la célula procariota incorporando distintos elementos tomados de las bacterias, incluyendo incluso flagelos) y fue propuesta formalmente en 1967. Como es de suponer, tiene tantos defensores como retractores, pues Margulis invirtió su vida tratando de reproducir el proceso en su laboratorio, sin lograrlo plenamente, hasta que le sobrevino la muerte en el año 2011.

Aunque veo factible esta explicación, personalmente disiento en la premisa principal de la que parten todas las teorías que tratan de explicar el origen de la vida en nuestro planeta. Creo que hubo millones de posibilidades, durante diversos momentos en la historia de nuestro planeta, conllevando la existencia de miles de LUCA y que unos progresaron más que otros, derivando en nuevos organismos que acabarían extinguiéndose, volviendo a empezar nuevamente.

Es cierto que ese punto de la explosión cámbrica sí quedó marcado en la historia del registro fósil. También es verdad que en nuestro genoma, ahora que se está decodificando, está registrada la historia evolutiva de nuestra especie pues se encuentran en él genes de otras especies (y viceversa). Por ejemplo, sabemos que nuestra secuencia de genes del gen X es idéntica en gatos y perros, así que por fuerza las tres especies la tomaron de un ancestro común. Sin embargo, por el momento no hay nada que permita señalar a un punto concreto evolutivo a partir del cual florecieron todas las formas de vida conocidas. Por tanto, nada hay que permita suponer que esta aparición de la bilateralidad se dio una única vez, o bien se ha dado en diversas ocasiones, evolucionando diversas especies de estos distintos orígenes. El problema se agrava cuando comprobamos la cantidad de especies y géneros de animales y plantas extintos, de los que nunca podremos obtener muestras de ADN que analizar. Es por ello que nada se opone a suponer que, por ejemplo, los extintos trilobites paleozoicos pudieran descender de ancestros bilaterales diferentes a los nuestros.

Por otro lado, encuentro una tercera opción a la aparición de la vida que aún no ha sido considerada en serio cuando se plantean estos debates. Es el hecho de qué se entiende por "vida". Llegados a este punto, es conveniente reparar en los virus, meras cadenas de ADN que requieren de una célula huésped a la que infectar para multiplicarse. Sin duda estos virus, que en el sentido más tradicional del concepto no deberían considerarse como formas vivientes pues no nacen, crecen, respiran ni secretan sustancias producto de sus digestiones, pero sin embargo evolucionan y se multiplican. Por ello, los considero otra alternativa más al origen de la vida en nuestro planeta.

Ya son tres las posibilidades bastante probables para responder a la eterna cuestión sobre la vida en nuestro planeta. El hecho de que sean tres ya confirma mi idea que defiende mil y un intentos, con miles de variables involucradas.

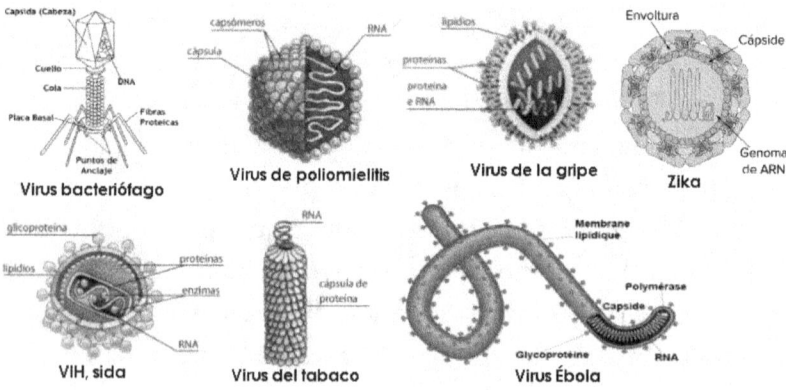

Figura 80.- Existen diversos tipos de virus que en el sentido más clásico de la palabra, no deberían ser considerados formas vivientes y sin embargo, poseen ARN. ¿Son ellos el LUCA buscado, los coacervados (o protobiontes) de Oparin, que aún carentes de vida se las ingeniaron para poder duplicar su material genético?

Con el desarrollo tecnológico que permitió perfeccionar los microscopios, hoy sabemos con total certeza que son una simple cadena de ARN (material genético) protegido de una envoltura proteica que la protege (figura 80). Nada más. Es por ello que para replicarse, el virus necesita introducirse en la célula de algún ser vivo y replicarse en ella, utilizando sus proteínas y demás elementos ajenos a él. Es decir, el virus se reproduce gracias al organismo al que infecta. Pero un virus carece de células, sangre u órganos y no posee ningún órgano de bombeo como el corazón; tampoco tiene pulmones ni agallas que le permitan intercambiar gases con el medio, carece de órganos para respirar, pero también para digerir y alimentarse. Por tanto, en teoría, un virus no está vivo, es una forma inorgánica, como un mineral de sulfuro por ejemplo, tan común en las áreas volcánicas y fumarolas hidrotermales.

Pero entonces, ¿por qué se multiplica, se transforma e incluso evoluciona (pues las cepas de Ébola, por ejemplo, van variando y haciéndose inmunes a ciertos tratamientos médicos que buscan evitar su multiplicación, infectando a las células de los seres humanos)? ¿Es o no un virus, una forma de vida? ¿Estamos ante los *protobiontes* descritos por Alexander Oparin en su *Teoría de los Coacervados*, esas microesferas de moléculas orgánicas, carentes de vida pero que dan pie, mediante su interacción a un verdadero organismo, progenota, es decir, antecesor de los demás seres vivos, al desarrollar un metabolismo propio y capaz de autoreplicar su material genético?

Dejando de lado esta incómoda cuestión sobre los virus y su naturaleza, que lleva dividiendo a la comunidad científica desde que los virus fueron descubiertos y estudiados en profundidad, volvamos a la cuestión de ´los milagros´ únicos e irrepetibles tenidos por tales, a señalar:

a) el origen de la primera molécula orgánica a partir de sustancias inorgánicas,

b) la aparición del primer ser vivo con simetría bilateral

Para resolver ambas cuestiones encuentro sumamente reveladora una novela policíaca, que aparentemente nada tiene que ver con el asunto de la evolución y sus misterios, titulada en español "*Sé lo que estás pensando*", un best-seller de John Verdon. El argumento es realmente original pues, a partir de una misteriosa carta que recibe un policía jubilado y que le pide pensar un número, comprobando que al final de la misiva acierta el dígito que había acertado, se verá envuelto en la búsqueda de un misterioso asesino que parece adivinar, por correo, lo que piensan sus víctimas. Acabará el libro dando una solución que corrobora la línea de pensamiento conocida como "navaja de Ockham", en honor a un monje irlandés del siglo XIV, Guillermo de Ockham, que estableció que «*en igualdad de condiciones, la solución más sencilla es probablemente la correcta*», añadiendo que «*no debe presumirse la existencia de más cosas que las absolutamente necesarias* (para que ocurra el hecho que se analiza)». En el caso de la novela (lamento fastidiar el misterio al que no la haya leído) resultó que el asesino ´vidente´ en realidad había mandado numerosos mensajes a distintas personas escogidas al azar, hasta dar con las personas que se sintieran identificadas por lo que leían, creyendo que les adivinaba la mente (y que por tanto era un conocido de ellos, algo erróneo), siguiendo las indicaciones que el asesino les daba en sus textos, exponiéndose a él.

Extrapolando esta idea a la problemática de ´los milagros´ evolutivos mencionados y, apoyándome en la "navaja de Ockham", me planteo ¿Realmente se dieron esos dos puntos de inflexión, de manera única e irrepetible, como se sostiene, o bien se dieron miles de millones de posibilidades e intentos, varios cientos de miles de veces, hasta que una (o varias) de ellas, en un momento en que las condiciones eran favorables, permitió prosperar y salir adelante, multiplicándose? El resto de los cientos de miles de formas fallidas, simplemente no fosilizaron, o lo hicieron y esas rocas se han perdido (reciclándose de manera natural en las zonas de subducción de la corteza terrestre), no se haya reparado en su valor y formen parte de algún antiguo muro de separación entre fincas o majadas de ganado, o se encuentran enterradas a miles de kilómetros de profundidad aguardando que finalmente por la erosión que desmantele los sedimentos que se encuentran por encima de ellas termine dejándolas a la vista, tras miles de años. También pudiera ocurrir que, expuestas ya, seamos incapaces de reconocer o ´leer´ en ellas esa información contenida, debido a la erosión o a que se encuentran en altas cumbres o cubiertas por una capa de hielo en los casquetes polares. Todo es posible. Es la explicación que encuentro más plausible porque si algo hemos aprendido del Universo y del estudio de las leyes físicas que lo rigen es que no existe un hecho único e irrepetible. Ninguno. Por tanto, lógico es suponer que estos dos ´milagros´ en la historia de la vida en la Tierra, sólo lo son en apariencia.

Lo mismo podríamos decir si nos planteamos la cuestión de si existen las casualidades o bien son ´causalidades´. Einstein afirmó «*Dios usa las casualidades para permanecer en el anonimato*». Personalmente no veo una intención en las ´casualidades´ sino, de nuevo, una periodicidad en las leyes que rigen el universo que escapa a nuestra limitada mente y percibimos como casual cuando era algo que ´ya tocaba´, por así decirlo. Y es que si algo han dejado claro las múltiples teorías que hemos visto que rigen nuestro mundo conocido es que todo es periódico en él, no hay ningún hecho único, aislado, exclusivo e irrepetible, todo es cuestión de conocer su ámbito temporal de ciclicidad. Si limitamos nuestro análisis de observación a un día, un año, cien años o doce mil, siempre habrá acontecimientos cuya ciclicidad sea de orden mayor y lo observemos como exclusivo.

Es por eso que estamos limitados para conocer el mundo que nos rodea y debemos esforzarnos siempre por ampliar nuestro campo de visión en todas las escalas, tanto temporales, como de espacio, o incluso de aumento (desde nivel microscópico a escalas de miles de millones de kilómetros). Esta última idea me lleva a una última observación, que es la de considerar que las leyes fisicoquímicas que rigen todo son inmutables. Por tanto, es cierto que *"el presente es la clave del pasado"*, que todo lo que ocurre y va a ocurrir ya ha ocurrido antes, y que absolutamente todo, a cualquier nivel de observación, se encuentra regido por las mismas leyes.

Por eso para estudiar algo a gran escala, lo mejor es encontrar su equivalente a un nivel más controlable. Es la *teoría de los fractales*. De hecho recuerdo haber estudiado geomorfología –la generación y funcionamiento de los diversos relieves terrestres- mediante la fotografía a las formas que se generaban en un pequeño arroyo en un campo cercano de arenas y arcillas, tras la tormenta, para estudiar los sistemas fluviales y erosivos a gran escala (deltas, estuarios, etc). En esto se basa la Teoría de los Fractales, siendo un fractal un elemento geométrico cuya estructura básica, se repite a escalas distintas, de manera que estemos contemplando el objeto a la escala que deseemos, veremos siempre la misma forma. La idea como tal la desarrolló en 1975, el matemático polaco Benoît Mandelbrot. Aunque en un principio no dejó de ser una idea curiosa más, la polémica llegaría en 1982 cuando en su obra *"Fractal Geometry of Nature"* llegó a asegurar que el ser humano entendería mejor muchos procesos que nos rodean si dejara de contemplar la naturaleza y su funcionamiento a través de la geometría euclídea, centrándose en encontrar qué fractal es el que se repite concretamente.

Figura 81.- La Teoría de los Fractales nos dice que todo lo que ocurre a pequeña escala (a la izda, pináculos centimétricos dejados por las olas al destruir un castillo de arena) dará formas similares a mayores escalas (dcha, acantilado costero producido por la erosión de las olas), siempre que las condiciones físico-químicas sean iguales.

Así, en su obra llegó a escribir «*Las nubes no son esferas, las montañas no son conos, las costas no son círculos, y las cortezas de los árboles no son lisas, ni los relámpagos viajan en una línea recta*». Pues bien, a mi parecer, este matemático – fallecido en 2010- erró al limitarse únicamente al ámbito de la geometría pues considero que podríamos extenderlo al ámbito también espacio-temporal. Con todo, considero que llegó a insinuar tal idea cuando escribió aquello «*De las leyes más simples nacen infinitas maravillas que se repiten indefinidamente*», porque, a fin de cuentas, ¿no podríamos considerar como ´fractal geológico´ por ejemplo a las glaciaciones, que ya vimos que los sedimentólogos eviden-

Figura 82.- La geometría fractal y su desarrollador, el matemático Benoît Mandelbrot.

ciaron –basándose en los depósitos estratificados- que se dieron durante el Cuaternario, con una alternancia de periodo glaciar e interglacial cada cien mil años?.

En caso de ser cierta mi suposición, cerraríamos así un círculo completo en este libro, al regresar al primer capítulo con la ciclicidad de Laplace, analizando lo que serían 'los fractales geológicos' , pues así elijo denominar a cada acontecimiento idéntico que se repite indefinidamente en el tiempo cada cierta cantidad constante de años terrestres.

BIBLIOGRAFIA

Alvarez, W. y Muller, R.A. 1984. *Evidence from crater ages for periodic impacts on the Earth.* Nature, 308, pp. 718-720.

Alvarez, W., et al. 1977. *Upper Cretaceous-Paleocene magnetic stratigraphy at Gubbio, Italy V. Type section for the Late Cretaceous-Paleocene geomagnetic reversal time scale.* Geological Society of America Bulletin, 88, 3, pp. 383-389.

Alves, I. et al. 2012. *Genomic data reveal a complex making of humans.* PLoS Genet. 8, 7, pp. 1-7. Disponible on-line.

Archibald, J.D. 1996. *Dinosaur extinction and the end of an era. What the fossils say.* Columbia University Press, New York.

Arthur, M.A. y Fischer, A. G. 1977. *Upper Cretaceous-Paleocene magnetic stratigraphy at Gubbio, Italy I. Lithostratigraphy and sedimentology.* Geological Society of America Bulletin, 88, 3, pp. 367-371.

Arsuaga, Juan Luis. 1999. *El collar del Neanderthal.* Ed. Temas de Hoy.

Arsuaga, Juan Luis.2001. *La especie elegida. La larga marcha de la evolución humana.* Ed. Temas de Hoy.

Ashton N, et al. 2014. *Hominin Footprints from Early Pleistocene Deposits at Happisburgh, UK.* PLoS ONE 9 (2). Disponible on line en: http://journals.plos.org/plosone/article?id=10.1371/journal.pone.0088329

Baguñà, J., et al. 2002. Simetría bilateral en animales. *Evolución: la base de la Biología (Ed. M. Soler). Proyecto Sur de Ediciones, SL,* pp. 535-548.

Barrett, Peter y Palmer, Douglas. 2010. *Evolución.*

Editorial Gaia.

Belvedere, M. & Mietto, P. 2010. *First evidence of stegosaurian Deltapodus footprints in North Africa (Iouaridène Formation, Upper Jurassic, Morocco)*. Palaeontology, 53,1, pp.233-240.

Benton, M. J. 1995. *Diversification and extinction in the history of life*. Science, vol. 268, n° 5207, pp. 52.58.

Bergasa, Javier. 2003. *Laplace: el matemático de los cielos*. Ed. Nivola.

Booth, Basil y Fitch, Frank. 1994. *La inestable Tierra. Pasado, presente y futuro de las catástrofes naturales*. Ed. Salvat.

Bosch, M.D. et al. 2015. *New chronology for Ksâr ' Akil (Lebanon) supports Levantine route of modern human dispersal into Europe*. Proceedings of the National Academy of Sciences, 112, 25, pp. 7683-7688.

Bruner, E. et al. 2014. *Functional craniology and brain evolution: from paleontology to biomedicine*. Frontiers in neuroanatomy, 8.

Brusatte, S.L. et al. 2010. *The higher-level phylogeny of Archosauria (Tetrapoda: Diapsida)*. Journal of Systematic Palaeontology, 8, 1, pp. 3-47.

Callaway, Ewen (29 January 2015). *"New Skull Could Be from Human Group that Interbred with Neandertals"*. Scientific American. Retrieved 4 February 2015.

Charing, Alan. 1985. *La verdadera historia de los dinosaurios*. Ed. Salvat, Barcelona.

Clube, S. V. M., & Napier, W. M. 1984. *Terrestrial catastrophism — Nemesis or Galaxy?*. Nature, 311 (5987), pp. 635-636.

Coffin, H.G. 1969. *Creation: accident or design?*. Review and Herald Pub. Association

Condie, K. C. 2013. *Plate tectonics & cristal evolution.* Ed. Elsevier.

Cuvier, Georges. 1836. *Le régne animal distribué d'aprés son organisation, pour servir de base á l'histoire naturelle des animaux et d'introduction á l'anatomie comparée (Vol. 1).* Louis Hauman et Comp., libraires-éditeurs.

Darwin, Charles. 2008. *El origen de las especies.* Editorial S.L.U. Espasa Calpe.

Darwin, Charles: Una amplia colección de manuscritos, publicaciones, cartas, ... de Charles Darwin están disponibles en Internet desde 2008 en http://darwin-online.org.uk/

Davis, M., Hut, P. y Muller, R.A. 1984. *Extinction of species by periodic comet showers.* Nature, 308, pp. 715-717.

Dawkins, Richard. 1989. *The selfish gene.* Oxford University Press.

Dawkins, Richard. 2009. *The Greatest show on Earth: the evidence for Evolution.* Bantam Transworld Publishers.

Dennell, R. y Petraglia, M.D. 2012. *The dispersal of Homo sapiens across southern Asia: how early, how often, how complex?.* Quaternary Science Reviews, 47, pp. 15-22.

Denton, M. 1986. *Evolution: a theory in crisis.* Adler & Adler.

Eldredge, N. 2006. *Confessions of a Darwinist.* The Virginia Quarterly Review, pp. 32–53.

Eldredge, N. y Gould, S, J. 1972. *Punctuated equilibria: an alternative to phyletic gradualism.* En: Schopf, Th.J.M. (Ed.) *Models in paleobiology.* Freeman Cooper and Co., pp. 82-115.

Erwin, D. H. 2000. *Shaking the Tree: Readings from Nature in the History of Life.* University of Chicago Press.

Escaso, F. et al. 2007. *New evidence of shared dinosaur across Upper Jurassic proto-North Atlantic: Stegosaurus from*

Portugal. Naturwissenchaften, 94, 5, pp. 367-374.

Escaso, F. et al. 2008. *Estudio preliminar del material de estegosaurio de Vale Pombas (Portugal): nueva evidencia de Stegosaurus en el Jurásico Superior del suroeste europeo*. Libro de Resúmenes. Disponible en pdf on-line.

Fagundes, N. J. et al. 2007. *Statistical evaluation of alternative models of human evolution*. Proceedings of the National Academy of Sciences, vol. 104, 45, pp. 17614-17619.

Farlow, J.O., et al. 2010. *Internal vascularity of the termal plates of Stegosaurus (Ornithischia, Thyreophora)*. Swiss Journal of Geosciences, 103, 3, pp.173-185.

Flannery, T. 2007. *The weather makers: How man is changing the climate and what is means for life on earth*. Grove Press.

Ford, Tracy L. 2006. *Stegosaurs: Plates, splates, and spikes, part 1*. Prehistoric Times, 76, pp.20-21.

Friedlander, N. J. y Jordan, D. K. 1994. *Obstetric implications of Neanderthal robusticy and bone density*. Human evolution, vol. 9, 4, pp. 331-242.

Galton, P.M. y Upchurch, P. 2004. Stegosauria, *pp. 343-362. En: The Dinosauria (Weishampel, D. B. Et al. 2004). University of California Press*.

García-Medrano, P. et al. 2014. *The earliest Acheulean technology at Atapuerca (Burgos, Spain): oldest levels of the Galería site (Gil Unit)*. Quaternary International, 353, pp. 170-194.

Grattan-Guinness, I. 2005. *'Exposition du systéme du monde' and 'Treité de méchanique céleste'*. En: Landmark Writings in Western Mathematics. Ed. Elsevier, pp. 242-257.

Groucutt, H.S. et al. 2015a. *Stone tool assemblages and models for the dispersal of Homo sapiens out of Africa*. Quaternary international. Disponible on-line.

Groucutt, H.S. et al. 2015b. *Rethinking the dispersal of Homo sapiens out of Africa.* Evolutionary Anthropology: Issues, News, and Reviews, 24, 4, pp. 149-164.

Hanslmeier, A. 2008. *Hability and cosmic catastrophes.* Ed. Springer Science & Business Media.

Hawking, Stephen. 1988. *Historia del tiempo: del Big Bang a los agujeros negros.* Editorial Grijalbo.

Hershkovitz, I. et al. 2015. *Levantine cranium from Manot Cave (Israel) foreshadows the first European modern humans.* Nature, 520, n° 7546, pp. 216-219.

Hills, J.G. 1984. *Dynamical constraints on the mass and perihelion distance of Nemesis and the stability of its orbit.* Nature, pp. 636-638.

Hills, J. G. 1985. *The passage of a'Nemesis'-like object through the planetary system.* The Astronomical Journal, 90, pp. 1876-1882.

Hoban, S. et al. 2012. *Computer simulations: tools for population and evolutionary genetics.* Nature Reviews Genetics, 13, 2, pp. 110-122.

Hoffman, A. 1985. *Patters of family extinction depend on definition and geological timescale.* Nature, 315, 6021, pp. 659-662.

Hooke, R. 1961. *1965. Micrographia.* London.

Hublin, J.J. 2015. *The modern human colonization of western Eurasia: when and where?.* Quaternary Science Reviews, vol. 118, pp. 194-210.

Hut, P. 1984. *How stable is an astronomical clock that can trigger mass extinctions on Earth?.* Nature, 311 (5987), pp. 638-641.

Iorio, L. 2009. *Constraints on planet X/Nemesis from Solar System's inner dynamics.* Monthly Notices of the Royal Astronomical Society, 400 (1), pp. 346-353.

Jay Gould, Stephen. 1984. *La falsa medida del hombre.* Ed. Antoni Bosch, Barcelona.

Jay Gould, Stephen. 1989. *Wonderful Life: The Burgess Shale and the Nature of History.* W.W. Norton & Co. (New York)

Jay Gould, Stephen. 1995. *Dinosaur in a Haystack: Reflections in Natural History.* Harmony Books Ed.

Jay Gould, Stephen. 2004. *El pulgar del Panda.* Editorial Crítica.

Kawamura, K. et al. 2007. *Northern hemisphere forcing of climatic cycles in Antarctica over the past 360,000 years.* Nature, 448, n° 7156, pp 912–916.

Kerrod, R. 1985. *Life and Science. Exploring the Heavens.* Bull Publishing Consultants Limited, London.

Kolbert, Elizabeth. 2011. *Sleeping with the enemy: What happened between the Neanderthals and us?.* The New Yorker, 15, pp. 64-75.

Kvenvolden, Keith A. et al. 1970. *«Evidence for extraterrestrial amino-acids and hydrocarbons in the Murchison meteorite».* Nature 228 (5275), pp. 923-926.

Lalueza Fox, Carles. 2005. *Genes de neandertal.* Editorial Síntesis.

Lalueza Fox, Carles. 2013. *Palabras en el tiempo: La lucha por el genoma neandertal.* Grupo Planeta.

Lane, Nick. 2015. *Los diez grandes inventos de la evolución.* Editorial Ariel.

Laplace, Pierre Simon. 2012. *A philosophical Essay on Probabilities.* Forgotten Books, Classical Reprint Series.

Larsen, Clark Spencer. 2015. *Bioarchaeology: interpreting behavior from the human skeleton.* Cambridge University Press.

Liang, M. y Nielsen, R. 2011. *Who is H. sapiens really, and how do we know?*. BMC biology, 9, 1, pp. 20.

Maidment, S.C., et al. 2008. *Systematics and phylogeny of Stegosauria (Dinosauria, Ornithischia)*. Journal of Systematic Palaeontology, 6, 4, pp. 367-407.

Martin, W., et al. 2008. *Hidrothermal vents and the origin of life*. Nature Reviews Microbiology, 6: pp. 805–814.

Mayr, Ernst. 1992. *Una larga controversia: Darwin y el darwinismo*. Editorial Crítica.

Matese, J.J. y Whitmire, D. P. 1986. *Planet X and the origins of the shower and steady state flux of short-period comets*. Icarus, 65, 1, pp. 37-50.

Mateus, O. et al. 2011. *New find of stegosaur tracks from the Upper Jurassic Lourinhã Formation, Portugal*. Acta Palaeontologica Polonica, 56, 3, pp.651-658.

McLaren, D. J. 1970. *Time, life, and boundaries*. Journal of Paleontology, pp. 801-815.

Melott, A. L. y Bambach, R.K. 2010. *Nemesis reconsidered*. Monthly Notices of the Royal Astronomical Society: Letters, 407,1, pp. L99-L102.

Milan, J & Chiappe, L.M. 2009. *First American record of the Jurassic ichnospecies Deltapodus brodricki and a review of the fossil record of stegosaurian footprints*. The Journal of Geology, 117, 3, pp. 343-348.

Milankovic, M. 1998. *Canon of insolation and the ice-age problem*. Zavod za udzbenike i hastavna sredstva.

Miller, Rose (28 January 2015). *This skull may provide a new link between Neanderthals and modern humans*. The Verge. Descargable on line en:
http://www.theverge.com/2015/1/28/7929227/fossil-evidence-of-human-evolution-in-israel

Moncel, M.H. et al. 2015. *The early Acheulian of north-western Europe*. Journal of Anthropological Archaeology, 40, pp. 302-331.

Mosquera, M. et al. 2013. *From Atapuerca to Europe: Tracing the earliest pepling of Europe*. Quaternary international, 295, pp. 130-137.

Muller, Richard. 1989. *Nemesis: the Death Star – Story of a Scientific Revolution*. Heinemann Ed.

Noonan, J. P. et al. 2006. *Sequencing and analysis of Neanderthal genomic DNA*. Science, vol. 314, n° 5802, pp. 1113-1118.

Paixao-Cortes, V. R. et al. 2012. *Homo sapiens, Homo neanderthalensis and the Denisova specimen: New insight on their evolutionary histories using whole-genome comparisons*. Genetics and molecular biology, 35, 4, pp. 904-911.

Partiff, S.A. et al. 2005. *The earliest record of human activity in northern Europe*. Nature 438, pp.1008-1012.

Quintyn, C. 2009. *The naming of new species in hominin evolution: A radical proposal – A temporary cessation in assigning new names*. HOMO- Journal of Comparative Human Biology, vol.60, 4, pp. 307-341.

Raup, D.M. 1994. *El asunto Némesis (la extinción de los dinosaurios)*. Alianza Ediciones del Prado, Madrid.

Rocca, R. 2015. *First settlements in Central Europe: between originality and banality*. Quaternary International.

Roberts, P. y Petraglia, M. 2015. *Pleistocene rainforests: barriers or attractive environments for early human foragers?*. World Archaeology, 47, 5, pp. 718-739.

Roberts, P. et al. 2015. *'Microlithic' Tradition c. 38,000 to 3,000 years ago: Tropical technologies and adaptations of Homo sapiens at the Southern Edge of Asia*. Journal of World Prehistory, 28, 2, pp. 69-112.

Russell, E. S. 1916. *Form and Function. A Contribution to the History of Animal Morphology* (descargable en http://www.gutenberg.org/etext/20426).

Sampedro, José Luis. 2007. *Deconstruyendo a Darwin. Los Enigmas de la Evolución a la luz de la nueva genética.* Editorial Crítica.

Sánchez-Hernández, B. and Benton, M.J. 2014. *Filling the ceratosaur gap: A new ceratosaurian theropod from the Early Cretaceous of Spain.* Acta Palaeontologica Polonica, 59, 3, pp. 581-600. Disponible on-line.

Schindewolf, O.H. 1962. *Neokatastrophismus?.* Zeitschrift der deutschen geologischen Gesellschaft, pp. 430-445.

Sepkoski, Jr. J.J. 1988. *Periodicity of Extinction: A 1988 Update.* LPI Contributions, 673, p. 170.

Sepkoski, Jr. J.J. 1989. *Periodicity in extinction and the problem of catastrophism in the history of life.* Journal of the Geological Society, 146, 1, pp. 7-19.

Simpson, G. G. 1944. *Tempo and Mode in Evolution.* Columbia University Press.

Simpson, G. G. 1961. *Life of the Past.* Yale University Press.

Trail, D., Watson, E.B., y Tailby, N.D. 2011. *The oxidation state of Hadean magmas and implications for early Earth's atmosphere.* Nature, 480 (7375), pp. 79.

Urey, H. C. 1973. *Cometary collisions and geological periods.* Nature, pp. 32-33.

Ward, C.V. et al., 2015. *Associated ilium and femur from Koobi Fora, Kenya, and postcranial diversity in early Homo.* Journal of Human Evolution, 81, pp. 48-67.

James D. Watson, J.D. 1968. *The Double Helix: A Personal Account of the Discovery of the Structure of DNA*. Ed. Atheneum.

Weishampel, D. B. et al. 2004. The Dinosauria. *University Of California Press*.

Wills, C. 2011. *2 Genetic And Phenotypic Consequences Of Introgression Between Humans And Neanderthals*. Advances In Genetics, 76, p. 27. Disponible On-Line.

Xing, L. et al. 2013. *First record of Deltapodus tracks from the Early Cretaceous of China*. Cretaceous Research, 42, pp. 55-65.